U0179705

知味

朱振藩——

著

素说新语

生活·讀書·新知 三联书店　生活書店 出版有限公司

图书在版编目（CIP）数据

素说新语 / 朱振藩著 . — 北京：生活
书店出版有限公司 , 2024.1
　　ISBN 978-7-80768-380-3

　　Ⅰ . ①素… Ⅱ . ①朱… Ⅲ . ①素菜—菜谱
Ⅳ . ① TS972.123

中国国家版本馆 CIP 数据核字（2023）第 184113 号

责任编辑　欧阳帆
装帧设计　汐　和
内文制作　王　军
责任印制　孙　明
出版发行　**生活书店**出版有限公司
　　　　　（北京市东城区美术馆东街22号）
邮　　编　100010
经　　销　新华书店
印　　刷　天津睿和印艺科技有限公司
版　　次　2024年1月北京第1版
　　　　　2024年1月北京第1次印刷
开　　本　880毫米×1230毫米 1/32　印张10.25
字　　数　190千字
印　　数　0,001-5,000册
定　　价　68.00元
（印装查询：010-64052066；邮购查询：010-84010542）

目 录

园中百蔬逾珍馐——田园蔬菜

弄草莳花亦美馔——花果野菜

淮南秘术惠天下——豆制料理

山海珍味皆无遗——笋菇海物

素馔宴饮有可观——菜品羹汤

五谷亦素食为天——米饭面食

零食一品乐陶陶——点心饮品

识味老饕私房菜——名馆名人

序　大道至简

朱俊

　　初次遇见朱振藩老师，给我的第一印象，乃是高大而斯文，幽默风趣的谈笑中透着博学和智慧。他对美食的热爱超乎寻常，可见他是多么热爱生活，也热衷于从美食中，获得更多的人生哲理和美好。

　　我，进入餐饮行业已三十余载。不能说见过大风大浪，却正好见证了中国餐饮发展最快的这个阶段。这些年，中餐的国际地位也备受瞩目。

　　历代食客们，随着生活品质的不断优化，已从"吃饱"向"少而精"悄悄靠近。轻断食，戒碳水，素食主义，都是当代人喜闻乐见的生活理念和方式，健康成为食谱选择的根本。

　　朱老师这本《素说新语》，将自己的亲身经历融入了不时不食、就地取材的时代理念，从不同角度，恰如其分地传达了素食之美、人生之趣，的确是一本新语佳作。

　　在旧时，高级素菜中多为仿荤，从味至形，越像则等级越高。而现在，厨师们更喜欢用器和色来衬托自己的审美设计理念。当然是各有所长，或许后者缺少了那一点惊喜趣味吧。

希望读者们细细品味《素说新语》里面的精髓，从而更了解朱振藩老师这位美食大家大道至简的渊博。

2019 年 8 月 31 日于上海

（本文作者为亚洲著名大厨，上海"食庐餐厅"创始人。现担任世界烹饪联合会中国菜系国际评委、副主席，及新加坡航空公司"国际烹饪团"唯一华人顾问，屡次荣膺"中国著名厨师"及"中国烹饪大师"称号。）

自序 素食之道大矣哉

　　我读《水浒传》时，正值血气方刚，前后看了五遍，不仅熟悉人名，且对于其绰号，也是了如指掌，兼有一些心得。比方说，"及时雨"宋（送）江，"智多星"吴（无）用等是。但当时青春年少，同时胃纳极大，即使食有求饱，也常动心忍馋，总想大快朵颐。是以书中的"大口喝酒，大块吃肉"，最为深得我心。

　　数十年下来，我这"食肉者鄙"，一直无肉不欢，状况好的时候，吃个十斤八斤，也是小事一桩，佐饮白干芳茗，尤能得其所哉！而今年逾花甲，身体已不如前，懂得均衡饮食，进而食素养身。此虽偶一为之，确能感受益处，增添生活情趣。

　　自单位退休后，时间自然多了，走访神州各地，眼界为之一开，品了许多美味，当然包括异味，一些珍稀素材，无不纳入腹中。例如在上海"老吉士"吃到的菠菜，叶绿身矮根红，炒制之后，柔嫩多汁，根部肥嫩，整株可食，滋味绝佳。食罢，我才了解为何清代名医王孟英在其食疗名著《随息居饮食谱》中，称它可以"开胸膈，通肠胃，润燥活血……根味尤美"了。面对此一冬令期间始有的尤物，有幸吃了三次，一次连吃个三四株，叶嫩根爽，整棵食尽，心满意足，不亦快哉！

关于食素，源远流长。或示虔诚，斋戒沐浴；或为宗教，戒不杀生；或为修行，忌口静心；或求体健，弃绝荤腥；或不得已，陈蔡绝粮。理由固有万端，食之得用则一。偶尔换个口味，变点饮习好尚，其谁曰不宜乎！

山家及僧家，蔚成饮食风尚，像"大蔬无界"及"福和慧"等，已成名店名食，有幸都品尝过，了解大势所趋，其中写的食记，载之于本书内，读者如有兴趣，既可书中神游，亦当亲身体会，了解新派素食。

约三年多前，食友兼文友的汪咏黛，见我日子太闲，推荐我在《人间福报》开个专栏，栏名"食说新语"，非但写素，且写全素。这个立意甚好，因而不揣固陋，且读且食且写，每两周撰一篇。在日积月累下，居然超过百篇，可以编撰成书，交由北京三联生活书店付梓，在夫妻的合作下，直接在大陆出版，这是我的初体验，幸也何如？是为记。

园中百蔬逾珍馐——田园蔬菜

茭白别称美人腿

茭草在《本草纲目》中名菰，茭草之茎部长成后，易受寄生菌感染，中心生出黑沙点。所谓茭笋、菰笋，指茭草于春末初生之嫩芽，一如芦笋、蒲笋之嫩芽；至称茭白，指其茎部，可供蔬食。

茭笋古人亦食，与蒲笋、芦笋同为水菜之一种，是寒凉性清，能疏肝、胆之食物，今人不食久矣，市中罕有出售。惟吴中仍食此，据陈藏器的《本草拾遗》云："去烦热，止渴，除目黄，利大小便，止热痢，杂鲫鱼为羹食，开胃口，解酒毒……"显然颇具疗效。

茭白以色白鲜嫩为上品，如其中心有黑沙点者，名灰茭白，为次货，为老茭白，食味差矣！

南京玄武湖内盛产茭白，据当地的传说，由于明代开国元勋刘基，嗜食茭白而种之。不过，南京沙洲圩所产者，夙享盛名，其特点为娇嫩、香糯、脆鲜爽口。

茭白又称茭瓜、茭白笋、菰瓜菜及菰首、菰手等，以往绍兴农家吃此物，其制法甚简单，将现摘者去壳，置放于饭镬（即大铁锅）内，烧木柴或秸秆，待闻饭香时，茭白亦熟矣，称"饭焐茭白"，用酱油蘸食，最爽脆甘鲜。现用电饭锅制作，更方便容易了。

具淡淡清香、质感脆嫩、滋味甘鲜的茭白，施之于烹饪，其佳肴甚多。如制成羹汤，昔人爱之深，有"菰首茞羹甘若饴""茞羹菰菜珍无价"等佳句。如只制凉拌菜，清人童岳荐的《调鼎集》，便多所着墨，其"拌茭白"指出："焯过切薄片，加酱油、醋、芥末或椒末拌。又生茭白切小薄片略腌，撒椒末。又切丝略腌，拌芥末、醋。又拌甜酱……又切块拌酱油、麻油。"另，有"酱油浸茭白"，云："切骨牌薄片，浸酱油，半日可用，充小菜。"吃法多元，各具滋味。

该书尚有"炒茭白"，共有二法，其一为："切小片配茶干（豆腐干）片炒。"其二为："切块加麻油、酱油、酒炒。"袁枚在《随园食单》中，则认为将茭白"切整段，酱、醋炙之"，其味尤佳。

家母烧制的"素焖茭白"，滋味绝佳，众口交赞。其法：将茭白切滚刀块，仅用素油加酱油、糖，文火烩焖即可。也用茭白与豆腐干均切丝，同雪里蕻（红）一起炒，别有滋味。此外，亦将切丁的茭白和蚕豆同烧，其色一青一白，美感滋味两胜。

每年中秋佳节烤肉时，正值茭白当令，人们常备此物，它在烤熟之后，掀壳而见其身，又直又白又挺，遂称为"美人腿"。另一说则是：南投埔里盛产茭白，为了观光及推广，故博得此一令名，引人遐思并发噱。

大抵而言，市场所售茭白，因表皮的颜色，分成青壳、白壳、花壳这三种。白壳质量最优，价钱亦昂；花壳比较肥大，但缺细腻口感，易有空心现象。而在选购时，则以笋支丰满，皮相鲜丽，无老化、灰白、皱缩者为佳。我曾吃过"茭白脯"，用"茭白入酱，取起风干，切片成脯"，和萝卜干、笋干制法雷同，风味则自成一格，算是味有别裁吧！

西洋菜身世之谜

　　望文生义，广东人嗜食的西洋菜，绝非出自中土，而是来自域外。追溯它来华的历史，还不到三百年，却有不少说法，且都指证历历，为还原其身世，乃爬梳诸典籍，盼能解开其谜，且在享用之际，可供谈助之用。

　　西洋菜的洋名为 watercress，其味清香似芥，故汉译为"水田芥"。又因叶子状如掰开的豆瓣，遂有"豆瓣菜"之称。据《简明大英百科全书》的记载：水田芥乃十字花科多年生植物，已在北美洲驯化，"生长于凉爽的溪流中，沉水、浮在水上或平铺在泥地表面。常用大桶栽培采其嫩梢作沙拉。叶纤细，淡绿色，有胡椒味，富含维生素 C。花白色。角果小，豆荚状。种子成两行。扦插易生根"。对其成长、属性、状貌、种植等，详加介绍，巨细靡遗。

至于其转入中土途径，庄兆祥增订《岭南采药录》写道："西洋菜原是百年前由欧西输入日本的菜蔬"。那么它又如何传到香港呢？根据故老说法，约十九世纪末，有位葡萄牙籍的船员，由于患了肺病，被船主遗弃在香港、澳门间的小岛上，该岛绝无人迹，却有丰富水草，此人肚饿之时，即以水草充饥，结果得以不死。有人乃发奇想，就把这种水草，移植到了澳门，而后又到了香港。正因在澳门的葡萄牙人，一向被称为西洋人，此菜遂被称为西洋菜，一直流传至今。

　　真相究竟如何？本就需要推敲。在清道光十五年（1835）时，美国人到中国传教，来到广州市区，设立博济医堂。医堂有一洋人，名字叫作哈博，从家乡带来一种菜蔬，放养在活水瓦缸里，碧绿青幽，煞是好看。

　　当时西关泮塘，有位私塾先生，基于教学需要，学习西洋文字。有次感染时疫，跑去博济看诊，于是认识哈博，而且成了教友，持续交往数年。

　　某年台风来袭，泮塘受创严重，所种茭笋、茨菰、莲藕失收，农家陷入困境，私塾先生向哈博聊起此事。哈博指着瓦缸，表示此菜甚宜泮塘乡的田塘栽种。私塾先生便带了几把回去，告诉乡人，只要插入水中，即能存活收成。

　　经过两个月后，此菜大量繁殖，青葱翠绿一片。乡人摘下煲汤，味道鲜香可口，度过歉收岁月。居民志此奇缘，也表示不忘本，管它叫"西洋菜"，现则大受欢迎。

究其实，水田芥原产地中海，遍及英、法、美洲、日本、中国岭南和台湾等地。香港目前的大帽山山腰（即荃湾川龙村）一带，亦有种植。沿山路而行，云雾缭绕中，适宜其生长。

西洋菜可素可荤，既能煲汤，也能快炒。如当成火锅料，或者是衬垫主料（如香菇等），均可发挥馨香怡人、消暑清肺的效用。假使生饮其汁，能抑制胃出血；煲陈皮汤热饮，对肺痨有帮助。以上只是偏方，或可救急一时。

形似宝塔甘露子

　　"奇庖"张北和君，善以珍异入其馔，尤其是冬虫夏草，一经他装点后，变得昂扬有神。早在二十年前，我与他甚相得，一再品尝其佳肴，前后达十年以上。约莫十余年时，有次端出一盘，居然是活生生的，望之如蚕蛹，也形似宝塔，模样挺可爱，不知是何物。他笑着对我说："这是活的冬虫夏草，长在石头缝里，又叫作石虫草，是可以生食的。"我依言而试，爽口又甘脆，明知他诓我，且不说破他。后来我在传统市场见了几次，也查了些书籍，终于明白其身世。

　　原来它叫甘露子，为唇形科植物草石蚕的地下块茎。北京人称之为滴露、甘露，以形状似蚕蛹，故有"地蚕"之称，亦因形状特殊，也称为"宝塔菜""地钮""蜗儿菜""土虫草"的，全是以形命名，实在很有意思。

甘露子颜色洁白，质地极为脆嫩，号称具有香、脆、甜、嫩四大特点，既能煮食、做菜，又能当水果吃，且适合糖渍、酱渍。关于这些特质，"医圣"李时珍在《本草纲目》中，道之甚详，指出它"五月掘根蒸煮食之，味如百合。或以萝卜卤及盐菹水收之，则不黑。也可酱渍、蜜藏。既可为蔬，又可充果"。显然它也是个全方位的好食材。

　　用甘露子制作酱菜，可繁可简，味美则一。一般而言，居家自行制作，简单易行。先将甘露子洗净，沥干水分，用盐腌上半日，接着挤去盐水，置之于小坛中，入酱油渍，约三四天，即可食用。

　　老北京的酱菜园，大致有三种类型，按其生产方式之不同，大致可分为老酱园、京酱园、南酱园。

　　老酱园：多为陕西人开设，源于保定的酱菜制法，用黄酱为主要酱料，口味偏重，酱香浓郁。以"六必居"为代表，另有"中鼎和""长顺公"等著名酱园。

　　京酱园：几乎全用北京当地技师，以甜面酱为主要酱料。名店有为"天义顺"前身的"天义成"酱园、"天源酱园"等。前者为著名的清真酱园，创建于清咸丰年间，严格选材，操作精细，种类繁多，物美价廉，滋味偏甜，很有特色，因而驰誉京城。后者开业于清同治八年，口味清淡，甜咸适度，味道鲜美，甚受南方人喜爱，遂有"南菜"之称。

南酱园:近于苏、浙风味,口味更甜。清末南北畅通无阻,往来相对便利。扬州的好酱菜,便宜销到北京。原有的酱园无法竞争,导致越来越少,终被"六必居"及"天源"所取代。

此外,泰半由山东人所开的酱园,也叫"山东屋子",以"桂馨斋"居首,亦难以支撑,渐趋于没落。

基本上,清新脱俗、丽质天生的甘露子,最适合搭配甜面酱。"天源酱园"以严选食材、注重规模及质量标准闻名,其"甜酱甘露",一再享誉大江南北;而"六必居"本擅长黄酱,后来所制作的甜面酱,质量超迈凡常,能与"天源"颉颃,其所用的甘露子,必购自"白纸坊菜园",乃"甜酱甘露"的后起之秀,我有幸品尝过,至今难忘其美。

另,扬州著名的腌螺丝菜,取甘露子为主料,形如螺丝,又像宝塔,脆而清,细且嫩,堪称是酱菜中,不可多得的逸品。

炎夏良蔬有豇豆

豇豆一名饭豆，台湾另称菜豆，暮春三月种植，夏季成为佳蔬。它原产于非洲，野生种广泛分布于乞力马扎罗山地区，后经海路传往印度，再由当地进行人工栽培。是以长久以来，一直认为印度乃豇豆的发源地。不过，古代的非洲人，把它当成粮用，不知可口豆荚，是种鲜美蔬菜，即便到了今天，西非广大地域，依然将之充作粮食。

我爱吃的豇豆，豆荚扁长而细，质地柔软，有白、青、紫（红）三种，长度约六寸至二尺。每一个豆荚内，有十六颗到二十六颗不等的豆粒，豆为腰圆形。由于特别长，所以江南一带，又称它为"长豇豆"。此外，其豆粒能煲饭、煮粥，故有饭豆之名。然而，饭豆只是统称，因为眉（白）豆作用相同，也有饭豆之名。另，台湾所称的菜豆，亦有混淆现象，四季豆的别名和豇豆一样，同样是叫菜豆。

中国栽种豇豆已久，本草书的记载颇多。《广群芳谱》谓："豇豆味甘、咸、平，无毒，主理中益气，补肾健脾，止消渴泻痢。"《本草纲目》指出："此豆红色居多，荚必双生，处处三四月种之。"《救荒本草》则说豇豆苗"今处处有之，人家田园中多种之，就地拖秧而生，亦延篱落"。由此观之，豇豆种植容易，而且蔓延甚广，产量丰富，作用极大，故李时珍将它列入豆类中的上品。

而在家常菜中，常把豇豆当成蔬菜，连荚一起食用。一旦豆荚老时，就要剥去其荚，光吃豆粒。豆粒亦可制成糕点，名为"豇豆糕"，其色略黄，极为可口。曾主编三百余万字《中国药学大辞典》的陈存仁，乃著名美食家。他有次去南京旅行，到夫子庙前白鹭洲，表示："环境清幽，风景宜人，有茶居数间。每逢假期，游人如织，荟集茶居，或弈棋或清谈，俨然成为南京一名胜。"而茶居中贩卖的豇豆糕，"制法精美，味极可口，虽时隔十余年，犹使人怀念不置"。其所记当为一世纪前之事，佳点与名胜辉映，最能勾思古幽情。

营养学家认为，豇豆营养成分超优，既含丰富的蛋白质，又有可观的维生素，堪称豆类中一级的营养品，可与黄豆争辉。卫生学家也说，豇豆如连荚嚼食，可吸收粗纤维质，能促进胃肠蠕动，同时可帮助消化，进而有通便功效。

在享用豇豆前，需去豆荚老筋。如切成寸许长，用素油炒来吃，味道香脆可口，乃菜蔬之隽品。想要换点花样，加冬菇或香菇，滋味更有层次，令人百吃不厌。

此外，豇豆亦可渍制，当成泡菜食用，以此佐饭送粥，爽口腴美之外，精神为之一振。将它晒成豆干，即使煮成清汤，里头加点调料，也能大开食欲。

《本草纲目》上说每日空心（吃）煮豇豆，入少许盐，可补肾气。当下暑热难熬，经常熬夜之人，每易心火太旺，导致肾水不足，造成"心肾不交"，假使比照办理，或许稍有帮助，长保身体安康。

豆腐乳炒空心菜

走红全球的央视纪录片《舌尖上的中国》的总导演陈晓卿，在接受采访时，透露他们"全家都是空心菜控"。并表示在拍摄《秘境广西》时，在广西的博白，吃过最好的空心菜。它"半人高，那叫嫩！一根菜，抓中间，轻轻一颤，两端齐手而断！用桂林的花桥腐乳烹炒，人间绝品"。

看了这个夸张又传神的报道后，不禁让我想起国学大师章太炎，原来他老人家对这道好菜，可是贡献良多哩！

章太炎满腹经纶，曾有人问他，先生的学问是经学第一，还是史学第一？他朗笑三声道："实不相瞒，我是医学第一。"艺高人胆大，口气也不小，曾轰动一时。

章太炎与上海名医恽铁樵友善。曾共组"中医通函教授学社"，学员遍及大陆和东南亚，还有许多遥从者。章亲自编写的《杂病新论》《霍乱论》《伤寒论要义选刊》，皆是授课教材，被业医者奉为宝典。

章氏晚年定居苏州，受聘为苏州国医学校名誉校长。当时游其门下者，多为医林俊彦；而和他通信札者，则为当代名医，声势之盛，罕出其右。

每人好恶不同，章对饮食一道，并非特别讲究，其每天的小菜，都是些豆腐乳、臭花生、臭咸蛋、臭冬瓜、臭苋菜梗、臭豆腐之类。也许人皆掩鼻，他却特别爱好，认为其鲜无比，堪称"逐臭之夫"。他自奉极省俭，家里没有仆婢，菜肴全由其夫人汤国黎就近购买，对苏州邵万生的玫瑰腐乳和紫阳观的酱菜，尤其欣赏，须臾不离。

此外，章太炎最爱吃的青菜，非空心菜莫属，几乎餐餐必备。由于他文名满天下，求序及求字者，为了达到目的，经常备办臭物，像擅写佛像出名的钱化钟，便常用臭咸蛋、臭花生、臭冬瓜之类赠章，请他写字留念，经常一挥而就。有一次钱挖空心思，送来一坛极臭的苋菜梗，章更乐不可支，竟对钱化钟说："你备有不少纸，只管拿来我写。"

送臭物者不少，但讲到空心菜，因节令及产地之故，想要让他老人家满意，确非易事。是以名医陈存仁在编毕《中国药学大辞典》后，往请大师作序。知他偏嗜此菜，特购上海西郊的名品，携至苏州章氏寓邸。太炎见之大悦，并说："苏州空心菜太细小，不耐咀嚼，不如上海的肥腴脆爽，吃时耐嚼。"在一时高兴下，一篇序文援笔立就，一时传为食林美谈。

或许章太炎每餐必有豆腐乳及空心菜，哪天因缘际会，将二者一起炒，应在情理之中。加上他名满中华，此菜因而传遍神州，成为当下名食，恐即渊源于此。

其实，宜兰礁溪的"温泉空心菜"，茎干长粗而细嫩，叶长顶端且色浅，嚼之喳喳声响，取此与"坤昌行"细腻柔滑的豆腐乳一块儿炒，滋味无穷无尽。其下饭及开胃，较诸广西博白空心菜及桂林花桥腐乳的组合，除各有千秋外，或许平分秋色。

金边白菜饶滋味

散文大家梁实秋在《雅舍谈吃》中，指出："华北的大白菜堪称一绝。"早年在北方，居民更将它作为冬储必备的菜蔬。因而他接着说："在北平，白菜一年四季无缺，到了冬初便有推小车子的小贩，一车车的白菜沿街叫卖。普通人家都是整车的买，留置过冬。"

而号称"天下第一菜"的大白菜，乃十字花科，芸薹属，芸薹种，大白菜亚种，一年生或两年生草本植物。学名结球白菜，俗称白菘、黄芽菜、唐白菜、卷心白、白头菜、绍菜、天津白等，原产于中国，是中国最古老也最主要的蔬菜之一。其在烹调运用时，由于柔嫩适口，既可充作主食（如菜饭及面食之馅料），亦可当成冷盘、热炒、大菜、汤羹的主配料，更因其本味清鲜甘美，不抢味，故可调和任何味道。所以，它广泛运用于各种烹调方法，且适用于腌、酱、糟、泡等制作方式。

基本上，可单独成菜，又别具滋味的大白菜，讲究的菜色必用其菜心，取其嫩而甘。如用其外帮，又烧出妙品，才真不简单。"金边白菜"无疑是此中的翘楚，连老佛爷都爱吃。

此菜原为西安的家常菜，后流行于市集中，历史甚悠久，将近两百年。当庚子之变时，慈禧逃至西安，每餐数十菜肴，必有"金边白菜"。有次吃得兴起，特意召见司厨，赏以亲笔写的"富贵平安"中堂一幅，一时传为美谈。

又，这位大厨师，乃秦菜名厨李芹溪。他原名李松山，在西安起义时，曾率领一批青年厨子奋勇杀进西安，被誉为"铁腿铜胳膊的火头军"。待民国肇建后，政府授以官职，但他坚辞不受，只愿开办餐馆，并主理其厨务。等到于右任回陕主持"靖国军"，二人结为好友，精于品味的于右任觉其名不雅，特为他改名芹溪，号泮林。

话说回来，清末翰林院侍读学士薛宝辰，撰有《素食说略》一书，记载："菘，白菜也，是为诸蔬之冠，非一切菜所能比……或取嫩叶切片，以猛火油灼之，加醋、酱油起锅，名醋熘白菜。或微搭芡，名'金边白菜'。西安厨人作法最妙，京师厨人不及也。"

此菜目前制法：将大白菜剥去老叶，洗净沥干水，切成长斜形片；干辣椒劈半去籽；炒锅烧热，放菜籽油，烧七成熟，接着下干辣椒炸至发焦，投姜末及白菜，以大火急速煸炒，先喷香醋颠翻，再加精盐同煸，至菜边缘呈金黄色时，下湿淀粉勾薄芡，淋上麻油，出锅装盘即成。

这道菜色泽金黄，酸辣脆嫩，颇能诱人食欲，是下米饭佳肴，寒冬时吃上瘾，岂止一碗而已？胃口连日难开，食此菜最得宜。《本草纲目》上说，白菜"主治通利肠胃，除胸中烦，解酒渴，消食下气"等。值此素菜上品，痛快一下又何妨呀！

凉拌白菜一段古

将大白菜切丝，浇淋些许白醋，再撒些花生米，经过均匀细拌，用冷盘来呈现，此即凉拌白菜。不论盛夏酷寒，先上这么一盘，必能振奋味蕾，我一向喜食此，可惜佳作越来越少，无奈感遂油然而生。

其实这道冷菜，最早盛行北方，流传至今，已改变原来样貌，也算食林一奇。原来它的本尊，是用榅桲拌梨丝，起先为就地取材，后来主料不存在，而且有其季节性，于是变个法儿，反而流行更广，真是不亦怪哉！

以前的酒席，一上来就是四干（干果）、四鲜（水果）、四蜜饯，多半摆摆样子，客人很少取食。终席之后，因榅桲和梨皆现成的，乃制作一盘"榅桲拌梨丝"，食来别有风味。正因梨有季节性，乃用白菜心切丝替代。另，自榅桲之量骤减后，海峡两岸互别苗头，各有了替代品，大陆多半改用山楂，台湾地区则以花生米为之。前者取其酸鲜，后者增益口感，姑不管如何变，只要用心制作，仍是一等一的。

清代潘荣陛的《帝京岁时纪胜》记载"七月时品"时，写道："山楂种二，京产者小而甜，外来者大而酸……又有蜜饯榅桲，质似山楂，而香美过之，出自辽东。"可见榅桲不仅可以生食，而且能做蜜饯，滋味绝佳。由于它的香气馥郁，尚可放在衣柜内驱虫，诚妙不可言。

至于"榅桲拌梨丝"的味道如何，散文大家梁实秋在《馋》一文中，有个现身说法，云："我有一位亲戚，属汉军旗，又穷又馋。一日傍晚，大风雪……他的儿子下班回家，顺路市得四只鸭梨，以一只奉其父。父得梨，大喜，当即啃了半只，随后就披衣戴帽，拿着一只小碗，冲出门外，在风雪交加中不见了人影。他的儿子……追已无及。越一小时，老头子托着小碗回来了，原来他是要吃榅桲拌梨丝！"描绘具体传神，很能引人入胜。

此一果肉甘甜芳香的榅桲，别名榠楂、木梨，是种高可达八米的灌木或小乔木，原产于中亚，是欧洲古老的栽培树种之一。日人田中静一所著的《中国食物事典》中，写道："据晋、唐、宋代的古文献记载，榅桲较早经丝绸之路传入中国，但目前中国的栽培不多。果实有苹果形、梨形等许多形状，直径约三至八厘米。果皮黄色，被短茸毛……优良品种可供鲜食。主要用于加工果酱、果冻、干果。成熟期晚，耐贮藏，所以也是罐头生产的重要原料。"对其食用及附加价值等叙述，巨细靡遗，堪称详尽。

然而，楒椁却日渐消失了，有谓其原始生态现遭到严重破坏，有以致之；亦有谓其经济价值降低，终于自生自灭。总而言之，就是中国北方各地，目前已罕见其芳踪了。

话说回来，今版的凉拌白菜，其重点在用大白菜心，用其叶就失色了，因为心才会细嫩，芳香之气馥郁。而所浇淋的醋，应以白醋为之，切忌为了色泽，竟用黑醋、红醋，反而不伦不类；且花生米要脆，过硬或过软，就非所宜了，如果有异味，将大大失分。此外，它又名"松柏常青"，观菜名即知各料均需新鲜，食之才会甘美，余味绕舌不尽。

食芥末墩迎新春

北京人过年时，餐桌上的素菜，有一道最热门，那就是"芥末墩"，俗名"芥末墩儿"，亦称"芥末白菜"。别看它不起眼，若论解腻开胃，必以此为第一，号称首席素菜，其受欢迎的程度，恐居"素什锦"之上。

早年在北京时，一到腊月二十七、二十八，家家户户就开始准备此菜。起先是挑选紧密结实的青口大白菜，除去老菜叶，只取中段或菜心，切成一寸厚、一寸多粗的圆墩状，用马兰草或钱串把它拴紧，烧锅开水略焯，个个半生不熟，其时间不能长，否则无脆劲儿。

接着将焯好的菜墩儿，趁热装进小瓷坛中，逐一码整齐了，码一层菜墩儿，涂抹一层芥末糊和白糖，直到摆满三分之二坛，然后掠去水中浮沫，略凉即倒进坛里，迅即封严瓷坛盖子，为了密不透风，外面裹以被子，放在暖和所在，让芥末的辣味，可以充分发透。过了两三天再打开，也就是吃年夜饭时，芥末的辣味，就直接冲鼻。而在享用之际，把一个个牙黄色的小墩儿，整齐地放在盘里，吃货崔岱远认为，"点上米醋和香油。吃一口，甜酸清脆，开窍通气，痛快！"另，食家周绍良在《馋余杂记》中写道："这'芥末墩'吃时，有一股冲气直达鼻腔，有时连眼泪都被呛出，但人们仍然都喜欢它，大家认为吃了它，感到头脑清爽，好像吃了一帖清凉散。"

我在金门服兵役时，队上主膳食的弟兄，乃当时位于台北西门町"致美楼"的主厨，他名叫胡玉文，年纪轻轻，刀火功高，手艺了得。"致美楼"是个北方馆子，从老师傅那边，他习得全挂子本事。在部队吃年夜饭围炉的当儿，桌上必备有此菜，我一吃就喜欢上了，连吃它个三五天，一样能乐在其中。或许过年时，天天都加菜，大吃大喝后，食此清爽菜，能重启味蕾，既开胃生津，又全身带劲，再大开吃戒。

不过，胡厨所制作的，只是简易法子。先去白菜老叶，只取大白菜心，切寸许厚小段，用草绳拴紧后，放在锅里一焯，取出时还带汁，把它放置盘中，撒上调匀的芥末粉和白糖，金门的冬天冷，很快即能凉透，芥末糊和白糖，已被充分吸收，马上就完成了。不像古早方法，又要放瓷坛中，还要搁上几天。它比起正统的做法，效果可能差些，但那一股冲气，照样引人馋涎。

我和玉文私交甚笃，退伍之后，常去"致美楼"打牙祭。有次在过年前，他赠我一瓷坛，里面的玩意儿，就是"芥末墩儿"，直吃得眉开眼笑，绝对是过个好年。可惜他婚后就去美国得克萨斯州发展，从此断了音讯，而今回想起来，犹有淡淡哀愁。

顶级厨娘黄媛珊，是位主中馈高手，在她近半世纪前出版的《媛珊食谱》中，便有"芥末白菜"。刀工须细腻，在下刀时，刀要斜着，菜才会薄，可以进味。然而，她的调味料内，没有白糖，却用盐和酱油。再用香而不酸的镇江醋，与盐及酱油一起调味，搅匀和后，把锅盖盖上，焖一会，候凉了，即可留着做凉盆。这种做法挺特别，我当然没有吃过，但其能"解腻开胃"，想必异曲而同工。

最能发鲜大头菜

大头菜为芜菁的别名，乃蔬菜中的上品，鲜食极有滋味，腌渍之后再吃，也是别有风味。它亦常用于小菜，凡吃面或饺子时，点此佐食，清脆爽口，胃口随之而开。

关于鲜食大头菜，近人伍稼青的《武进食单》内，有一道"大头芥丝"，和咱家所制雷同，夏日食之尤妙，特录之如下："大头菜切丝，愈细愈好，入油锅中炒数下即取出，拌以预先炒熟之黑芝麻及少量食盐，食前加麻油拌和，佐酒或为粥菜皆宜。"黑白相间，煞是好看。如果阁下无辣不欢，再加点红辣椒丝同炒，视觉效果更好，颇能发汗祛暑。

芜菁一称"诸葛菜"，它之所以得此名，必与诸葛亮有关。唐人韦绚的《刘宾客嘉话录》，指出"诸葛亮所止，令兵士独种芜菁"，"取其才出甲者可生啖，一也；叶舒可煮食，二也；

久居则随以滋长，三也；弃去不惜，四也；回则易寻而采之，五也；冬有根可劂（即砍）食，六也；比诸蔬属，其利不亦博乎？……三蜀之人，今呼蔓菁为诸葛菜，江陵亦然"。拈出了芜菁有六大好处。其实，它的妙用尚不止此，既可代粮救荒，同时耐贮藏，易运输，且利远运。至于营养丰富、价廉物美，尚在其次。难怪诸葛亮南征孟获，必用其种子，广植于山中，以补给军食。

明人李时珍的《本草纲目》盛赞芜菁之好，云："芜菁南北皆有，北土尤多。四时常有，春食苗，夏食心（亦谓之苔子），秋食茎，冬食根。河朔多种，以备饥岁。菜中最有益者惟此尔。"对它推崇备至。然而，它却常遭人们冷落，在有些盛产地，还被当成饲料，于是吴其濬不胜感慨，说："余留滞江湖，久不睹芜菁风味，自黔入滇，见之圃中，因为诸葛菜赋……"赋文有云："伟此伶仃之小草，犹留宇宙之大名 。"结尾则是"中兴不再，旧阵空遗；浮云变古，野薤如斯。遥怅望兮无尽，辄流连而赋之！"眷顾之情，溢于言表，读之神伤。

《武进食单》在"酱菜"条下写着："各大酱园门市部，多出售各种酱菜，如酱瓜、酱姜、酱萝卜、酱大头菜之类，多为佐粥小菜。另有一种'酱云南大头菜'，系黑色，如切成细丝与猪肉丝同炒，亦有味。"用猪肉丝，当然不符茹素者享用，经我多年研究，发现以蒟蒻丝替代，滋味更妙，不仅脆爽，尤饶意境，大有味外之味，诸君或可一试。

目前的酱大头菜，多以产地命名，其著者有云南大头菜、毕节玫瑰大头菜、黔大头菜、襄樊大头菜、淮安大头菜等。除淮安外，皆和诸葛亮有切身关系，十分有趣。

相传淮安的大头菜，在南宋期间，大放异彩。当时名将韩世忠及夫人梁红玉镇守于此，基于战备需要，广泛种植芜菁，并发给每位士兵一个陶罐，专门贮存老卤腌制的大头菜，后人称之为"韩罐子"。且存放时间愈长，味道愈为鲜美。

清代大食家袁枚，也在《随园食单》中写道："大头菜出南京承恩寺，愈陈愈佳。入荤菜中，最能发鲜。"此言甚是，但非绝对。我曾用一般的大头菜，将它切成细丝，豆腐干亦如此，再加些辣椒丝，三者炒在一起，香气阵阵扑来，入口津如泉涌，真是下饭佳品。又，当成面的浇头，也是好吃得紧。

慈姑格比土豆高

我对慈姑有深刻印象，源自汪曾祺撰写的《故乡的食物》一文。此慈姑即茨菰，他写道："前好几年……我到沈从文老师家去拜年，他留我吃饭，师母张兆和炒了一盘茨菰肉片。沈先生吃了两片茨菰，说：'这个好！格比土豆高。'我承认他这话。吃菜讲究'格'的高低，这种语言正是沈老师的语言。他是对什么事物都讲'格'的，包括对于茨菰、土豆。"

慈姑属泽泻科，原产于中国。生浅水中，三月生苗，青茎中空，其外有棱，叶如燕尾，前尖后歧，开四瓣小白花，花蕊颜色深黄，霜后叶枯，根乃练结。此多年生草本植物，明人李时珍在《本草纲目》中指出："慈姑，一根岁生十二子，如慈姑之乳诸子，故以名之。"描绘传神风趣。不过，慈姑通常结实十到十五枚，在农业社会里，被视为吉祥物，尤其在岭南，常将它和柑橘同放一盘，寓瓜瓞绵绵之意。

俗作茨菰，一名白地栗，一名凫茈，南宋诗人陆游，曾在绍兴吃过，并赋有诗句，云："掘得茈菇炊正熟。"未说明怎么吃，倒是值得探讨。

清人薛宝辰在《素食说略》中说："味涩而燥，以木炭灰水煮熟，漂以清水则软美可食。"王士雄的《随息居饮食谱》则谓："甘、苦、寒。用灰汤煮熟去皮食，则不麻涩。入肴加生姜，以制其寒。"其实，慈姑之根部，滋味麻且涩，难怪汪曾祺会明白地讲："民国二十年，我们家乡（指江苏高邮）闹大水，各种作物减产，只有茨菰却丰收。那一年我吃了很多茨菰，而且是不去茨菰的嘴子的，真难吃。"

其所谓的嘴子，即指长长的尾巴带个小圆头，夹杂着苦涩味，其皮亦有苦味，须去之而后快。在一般的餐馆，它之所以被冷落，除其貌不扬外，处理上也麻烦，因而不受青睐。不过，北京罕见此物，所以"卖得很贵，价钱和'洞子货'（温室所产）的西红柿、野鸡脖韭菜差不多"。是以汪曾祺因久违而生情，每年春节前后，北京的菜市场中，有此物贩卖，他见到时，总会买点回来炒肉，家人不怎么爱，每次都是他"包圆儿"（即吃光）。但在他的家乡，却吃"咸菜茨菰汤"，做法只是咸菜切碎，加了些茨菰片即成。而吃不惯的人，总引不起食欲。

记得末代皇帝溥仪的膳食中，出现过"慈姑烧肉"，由此可想见其格调颇高。另，上海及广东也会供应此馔，务使肉有慈姑味，而慈姑有肉味，彼此相得益彰。我曾在香港湾仔"留家厨房"尝过，真是另个味儿。

慈姑可与面筋、香菇、木耳同烹，或将它切薄片，油炸令其松脆，均为素筵佳品。又，"炸慈姑片"确为佐酒佳肴，比常见的炸薯条及炸洋芋片，食来更有韵味，这种风味小吃，富有中国特色，值得拈来一尝。

此外，旧时江南茶馆，有售煮熟慈姑，蘸糖而食，饶有乡土气息；亦可蘸盐，和油炸的一样，乃下酒之珍物。慈姑梗莫轻弃，把梗去外壳，在油里炸过，加入京冬菜，搁些糖和盐，浇清水些许，炒个两三下，即成"炒慈姑梗"，脆爽兼有之，下饭之隽品。

食趣高昂品香椿

我的食友老张，平生最嗜椿芽，不管是食鲜品，还是制成椿酱，一直爱不释口。曾随他吃火锅，里面皆为素料，但都不离香椿，或以椿芽入锅，碧绿脆爽有味，或调椿酱提味，食之尚有别趣，对我只是尝尝，他则喜上眉梢。

香椿为野生蔬菜类烹饪食材，为楝科香椿属多年生落叶乔木香椿树的嫩芽，又称椿芽、香椿头、椿叶。中国是世界上迄今为止，唯一以香椿入馔的国家，在鲁、皖、豫、陕、川、湘、桂等地，皆有大量栽培。其中，以安徽太和县所产的"黑香椿"质量最佳，质地脆嫩无渣，鲜美芳香，举国知名。如以季节区分，在清明前采摘的，枝肥芽嫩，梗内无丝，有浓香味。

早春大量上市的香椿，因品质不同，可分成青芽和红芽两种。青芽青绿色，质好香味浓，主要供食用。红芽红褐色，质粗且味差，仅聊备一格，多充调味品。

关于香椿食法，清人朱彝尊的《食宪鸿秘》中，记载了两种，望之有意思，但现已少见，谨录兹备览。其一为"油椿"，制法为："香椿洗净，用酱油、油、醋入锅煮过，连汁贮瓶用。"之所以会如此，主要是一年中，香椿仅数十日于市面上有售，为保留好滋味，多贮藏备用。另一为"淡椿"，取"椿头肥嫩者，淡盐挲过，薰之"。此法以烟熏之，恐怕利于保藏。目前用盐腌的，多半直接食用，亦有在夏日时，切碎掺入凉拌菜中，甚能诱人食欲。

此外，以香椿当调味品，清代顾仲的《养小录》已有记载，云："香椿细切，烈日晒干，磨粉。煎腐（指豆腐）中入一撮，不见椿而香。"我曾吃过一回，比起用研榧子同煮的"东坡豆腐"（见林洪的《山家清供》）来，似乎更有味儿，清隽而带馨香，可惜仅此一次，留下不尽相思。

而爱食香椿的，一直不乏其人。在近现代史上，出了两则逸事，能供谈助之用。一是康有为，二则是林散之。二人皆书法名家，也都留下墨宝，成就一段佳话。

原来徐州的皇藏峪，盛产名贵香椿。当民国初年时，康应张勋之邀，来到徐州议事。久闻皇藏峪风景秀丽，便抽空前往观光。寺僧以腌渍的椿芽，款待这位贵客。康有为食罢，大加赞赏后，即挥毫相赠，并重赏寺僧。从此，当地的景与香椿，双双享誉至今，可见名人加持的效果，不可谓不大矣。

我爱读《金陵美肴经》，这是"厨王"胡长龄的得意之作。当书稿完成时，他便前往林散之府上，请林老题书名。林老喜食香椿，此时正在品享。胡乃亲操刀俎，做了三个好菜，分别是"拌香酥松""香椿蒸蛋"及"裹炸香椿"。前者尤佳，是将香椿头切碎，再把鸡脯肉及瘦火腿肉切成米粒状（愚意可改用豆干丁和酥炸的碎海苔），加调料拌匀，质嫩味鲜，清香适口。林老吃得满意，题写了书名，并落款"九十老人林散之"。书的内容详尽，笔意遒古纯正，两者相辅相成，堪称绝配。

又，香椿除入馔外，亦可用来泡茶。据清初《花镜》中的记载：香椿"嫩叶初放时，土人摘以佐庖点茶，香美绝伦"。我尚未品享过，盼得"黑香椿"时，再品此香茗了。

金丝搅动素鱼翅

陕西地处内陆，其三原县风光明媚，号称陕西的苏州，早在百年前，即饭馆林立，各有其绝活。其中的"明德亭"，掌柜名唤张荣，手艺学自宁夏，后来因缘际会，成为当地天字号第一名厨。他有一道佳肴，乃于右任亲授，俗名"搅瓜鱼翅"。这道菜很特别，先把搅瓜擦成透明的细丝，名字虽叫鱼翅，实际是搅瓜丝，素菜烧成之后，加素上汤勾芡，有如鱼翅，让人食罢，"谁也不敢说不是鱼翅"，此一夺真功力，令人叹为观止。

所谓搅瓜，其别名甚多，又叫金丝瓜、白玉瓜、白南瓜、金瓜、笋瓜、北瓜。瓜形扁圆或椭圆，瓜皮呈乳白色，成熟后转金黄色。形状美丽，生长期短，甚少虫害。除供食用外，亦可当成观赏植物。

金丝瓜为葫芦科一年生植物。其最早的发源地，推测可能是墨西哥。应于十六世纪传入英国，再自欧洲传入亚洲，落脚在印度半岛。中国最早的种植地，为长江口的崇明岛，有超过三百年的光景。另，据日本东北大学农学院星川清亲教授的考证，日本目前的金丝瓜，乃是中日甲午战争后，由江苏传入的。

过去，由于栽培面积小，又受限于运输条件，北方人少见此瓜，现则大江南北广为种植，处处可见其芳踪。

金丝瓜被誉为"天下第一奇瓜"。清人薛宝辰在《素食说略》中指出："瓜成熟，放僻静处，至冷冻时，洗净、连皮蒸熟。割去有蒂处，灌以酱油、醋，以箸搅之，其丝即缠箸上，借箸力抽出，与粉条甚相似。再加香油拌食，甚脆美。"由于它像蚕茧一样，可以抽丝搅出，誉为鬼斧神工，倒也名副其实。

而要搅成丝状，非要蒸熟不可，且须横向切开，否则瓜丝会断。必须一次吃完，分成两次食毕，滋味大打折扣；如果蒸过了头，将致爽脆全失。又，将它做成冷盘，爽脆不下海蜇，于是有些地方，管它叫"海蜇瓜"，亦称"植物海蜇"。

用金丝瓜烧菜，风味迥异他瓜。吃法堪称多元，既可凉拌、做汤，亦能炒食、做馅。其在凉拌时，先把瓜洗净，横断剖开，上笼蒸十分钟，或煮个几分钟，待它凉后，即用筷子以顺时针方向搅动，就会出现金丝，接着以凉开水冲去其上附着的黏液，整治干净，置大碗中，随己意加葱花、姜末、蒜泥、细盐、胡椒粉、香油及白醋(用乌醋会影响色相)拌匀即可。喜欢食辣的，也可添红油,其色泽更艳。香脆爽口,开胃下饭,不愧消夏隽品。此外,亦可用糖、醋拌,点缀些金瓜丝,红黄相映,悦目动人,能勾馋虫。而在煮汤时,汤液黏稠,滑顺不腻,别有风味。

金丝瓜另有妙处,它富含葫芦巴碱,能调节人体新陈代谢;亦含丙醇二酸,可抑制体内糖类转化为脂肪,具有轻身减肥作用,欲追求身材苗条者,不妨多食此瓜。

犹记二十年前,前往清境农场,下榻"黎明清境",庄主林昭明特地介绍此瓜,或烧汤,或炒食,味极佳。谓当地人称之为"北瓜"或"鱼翅瓜"。临别赠以数瓜,回家依式制作,食者均赞味美,即使事隔多年,依然津津乐道。

春满人间豆板酥

　　长江头与长江尾，皆特别爱吃蚕豆。这两个地方，一个是天府之国的四川，另一个是烟雨翠柳的江南。有一道特别菜色，都用蚕豆和雪菜，但不仅名称不同，在呈现上，也是互见巧思。这两样我都爱，一旦春意渐浓，马上登盘荐餐，有时一盘不够，还得再添一盘。

　　川菜中的"雪菜豆泥"一味，渊源自江南的"雪菜豆板酥"，乃一世纪前"小洞天"的名菜。该餐馆有意思，在清末时开设，起先位于重庆四坡公园附近，依山傍筑，掘岩壁而成洞，洞内设有客席，配以陶制桌凳，冬暖夏凉，古意盎然，宛若"洞天福地"。其做法为：取老熟蚕豆去皮，其瓣质地酥糯，具有独特鲜香，煮透捣烂如泥，拌和些雪菜末，或盛碗扣白瓷盘中，或盛于墨色陶钵内，而在临吃之际，淋上麻油数滴，即是佐酒佳品。一般都是冷吃，搭配白粥亦妙。有趣的是，此菜我都在江浙馆子品尝，早年在香港的"乡村饭店"，以及台北的"聚丰园"皆是，后者更是一绝，豆泥软细而绵，不时溢出馨香，加上其色翠绿，搭配着白瓷盘，两相衬映之下，一如大地尽绿，仿佛春满人间。

"雪菜豆板酥"亦名"雪菜豆瓣""咸菜豆瓣"，是台湾江浙馆子或上海餐厅的时令佳肴。在江南或四川，蚕豆由嫩转老，应在春末夏初，台湾则得天独厚，早在初春时节，市面已有供应，餐馆有鉴于此，乐得提前推出，或以冷菜出现，将它当作头盘，或者火速盛盘，摇身变成素菜，既开胃，又可口，佐饭下酒皆宜。

而在制作之时，"冯记上海小馆"会用去皮蚕豆，在水中略煮后，再以小火焖到酥烂，接着再取雪菜，在油里旺火烧，随即加些许盐、糖，烧至收汁即成。由于蚕豆瓣的口感要酥，此酥乃烂熟之意，而豆瓣简写为"板"，始有"豆板酥"之名。其妙在雪菜不必多放，能提鲜助甘即可。用料单纯，工序简单，此为正宗手法。"上海极品轩"则不然，在起锅之前，会淋点香油，增加其香气与亮度，同时撒些熟松子点缀，增点花俏，以助食兴。

"雪菜豆泥"一味，堪称名副其实，成品保持泥状，因盛器之不同，而改变其形状；"雪菜豆板酥"则不然，豆瓣颗颗分明，形状完整如初，入口立即消融，用酥以为菜名，可谓画龙点睛。

蚕豆原产中国，考古界于20世纪50年代后期，在浙江吴兴钱山漾新石器时代的遗址中，即发现此物，距今约五千年左右。又，据范文澜《中国通史简编》记载，张骞通西域时，所携回的植物品种中，便有良种蚕豆，故另称为胡豆。当下两者并存，分大粒种与小粒种，前者质量甚佳，但后者以量取胜。每逢蚕豆上市，管它大粒小粒，只要烧得酥烂，一定好吃得紧，就怕火候失准，没有恰到好处。

清代大食家袁枚，在《随园食单》一书中指出："新蚕豆之嫩者，以腌芥菜炒之，甚妙。随采随食方佳。"此即"雪菜豆板酥"的原貌。如果机缘凑巧，能够随采随吃，当然鲜甘细腴，食来更够味了。

干菜作馅味佳美

朱自清的散文，在白话文当中，最合我的脾胃，其《说扬州》一文，真是百读不厌。文章里面提到："扬州的小笼点心……最可口的是菜包子、菜烧卖，还有干菜包子。菜选那最嫩的，剁成泥，加一点儿糖一点儿油，蒸得白生生的，热腾腾的，到口轻松地化去，留下一丝儿余味。干菜也是切碎，也是加一点儿糖和油，燥湿恰到好处；细细地咬嚼，可以嚼出一点橄榄般的回味来。"描绘生动有趣，令人垂涎三尺。

据故老们相传，霉干菜的发明，应与勾践复国有关。原来公元前494年，吴王夫差大败越军，越王勾践退守会稽（今浙江绍兴）乞降。为取信于吴王，身入吴都姑苏（今江苏苏州），亲为夫差执役，礼卑辞服，恭谨有加。经过三年光景，始获放还归国。勾践为了雪耻，于是卧薪尝胆，"十年生聚，十年教训"。

在他的带动下，百姓节衣缩食，每年一到秋天，便将青菜腌制晒干，可以常年食用，霉干菜即因而产生。姑不论其真实性如何，先秦的文献中，即有此菜记载。而且此风流传至今，当下绍兴的居民，仍有"什九自制"干菜的习俗。

霉干菜在绍兴，与酒及豆腐乳，一向鼎足而三。它又称咸干菜、干菜、梅菜，是一种以茎用芥菜或雪里蕻腌制的干菜。除绍兴外，浙江的萧山、桐乡和广东的惠阳，均是重要产地，同以量大质精著称。不过，浙江所产者，主要以细叶或阔叶的雪里蕻腌制；而广东所产者，则以一种变种的芥菜腌制。材料虽不同，风味亦有别，但全是上品。比起用萝卜顶上茎叶所腌制的，高明不知凡几。因后者不仅质量差，且带有苦涩味，真上不得台面。

在腌制霉干菜的过程中，须经过短时间的发酵，才会鲜香馥郁。通常质量好的霉干菜，含水量约百分之十八，其色黄亮，粗壮柔软，大小均匀，叶形完整，不见杂质及碎屑。而在食用它前，须用冷水洗净，再经刀工处理，即可烹制成菜，非但民间常食，偶亦用于筵席。

以霉干菜治馔，可蒸、烧、炒或做汤。常搭配的素料，主要有笋、毛豆、蚕豆、豆腐、面筋等。我爱吃的"梅菜炒毛豆"，就是习见的家常菜。此外，我亦爱食的"干菜笋"，是把霉干菜切碎，与经腌制烫晒干的嫩毛笋拌和，它为浙江余姚、慈溪一带的传统土特产，既能久贮，味亦鲜美。年幼时吃稀饭，桌上必备此物，迄今回味不尽。

早年台北的"一家春湖北菜馆"，其所供应的"干菜烧卖"，选用绍兴干菜制作，卖相俏，馅饱满，下垫大白菜叶同蒸，味道之棒，即使酒足饭饱，仍得吃个一笼，才算不虚此行。自从其歇业后，岳母知我爱食此味，改以上品的惠阳霉干菜（只有茎而无叶）剁碎制成包子，其味清隽，极饶滋味。可惜她年纪大了，已十余年未尝这个滋味，现在回想起来，只能扼腕而叹，盼望时光倒流。

弄草莳花亦美馔——花果野菜

桃馔新奇有佳趣

《诗经》有"桃之夭夭，灼灼其华"及"桃之夭夭，有蕡其实"之句。此一桃华（即花），古人广为称颂，但自宋代以后，形象开始改变，甚至被称为"妖客"，明朝更贬以"桃价不堪与牡丹作奴"，并以娼妓喻之，在文人及一般人眼中，已成负面字眼，想来何其无辜！

桃花可以入馔，一般是用来炸，也和梅、菊一样，熬煮成粥食用。但它带有贬义，不若梅、菊高洁，在失雅意之下，文人极少着墨。不过桃实（果子）和桃油（胶），却可制成菜点，后者而今翻红，嗜其滋味者，已大有人在。

桃实今称桃子，号称"瑶池仙品"。以其入馔，不拘冷热，能登大雅之堂。例如《武林旧事》在描写清河王张浚供奉宋高宗的御宴中，设有"珑缠桃条""白缠桃条"等果品。另，孔府名馔中，亦设有"桃脯"。以上皆为冷食，如果煮熟来吃，《食在宫廷》所记的清宫点心中，则以"桃羹"最负盛名，且"做法非常简单"。

作者爱新觉罗·浩[1]，指出：这个时令鲜果菜，先将大桃洗净，去皮、核，放入碗内，用汤匙压成泥后，在小碗内放入芡粉、白糖和水，用筷子搅匀。接着把猪油（可代之以素油）置于锅内，上火化开后取出。随即洗净汤勺，倒入化开猪油，俟熟后，撤汤勺，置配好的碗芡中，再将汤勺上火，倾倒桃泥搅匀，炒至汁浓时盛碗，浇上玫瑰卤即成。

而在享用之时，冷、热均可食用。但其制作要领，必须注意火候，一旦出锅迟了，将失特有风味。

所谓桃胶，即桃或山桃树皮中分泌出来的树脂，为半透明的多糖物质，主含半乳糖、鼠李糖等活性成分，用途广泛。早年在中药铺里，桃胶是药；而在餐馆里，则成了制作菜肴的食材，食家熊四智在《食之乐》一书中表示："这也算'医食同源'的遗风。"倒是一语中的。

作为药用的桃胶，历来就受本草学者的重视，苏敬等编修的《唐本草》说它"味甘苦，平，无毒。"苏颂所撰述的《图

1　末代皇帝溥仪的弟媳妇，原名嵯峨浩，是日本嵯峨实胜侯爵的女儿，于1937年嫁给溥杰。

经本草》认为：桃胶炼服，保中不饥，并介绍"仙方服胶法"，只要照法服用，久服便"身轻不老"。李时珍在《本草纲目》中亦指出桃胶有"和血益气"之功，看来它对延缓衰老，有一定的作用。

而在食品工业及医学工业中，目前桃胶常运用于糕点、面包、乳制品、巧克力、泡泡糖及糖衣涂层上。其制作甚简单，夏季用小刀削取桃干上的胶质物，置艳阳下晒干，即是桃胶。又，为了营销效果，在用其制作点心时，美其名曰"素燕窝"。我吃了很多种，在印象中，光以黑糖汁或姜汁淋其上食用，搭配简单，吸睛爽口。若论赏心悦目，必以"桃胶果羹"为最，这道甜菜，一度盛行天府，而今风行大江南北。

其在制作时，桃胶入笼蒸软，再与糖水略烧，接着倒入盛有果脯丁、橘瓣、蜜樱桃等果料的碗中即成。外表晶莹透明，呈淡琥珀色，与果羹送口，则滑爽甜香，食之有别趣。我亦尝过咸的，苏州人在春天时，用切碎桃胶，和荠菜、咸肉末（可改用豆干）一起煮羹，吃起来挺特别，一食至今难忘。

梅花三弄有别趣

　　清人顾仲的《养小录》里面有一章，题为《餐芳谱》，内容引人入胜，以吃花为主轴，旁及苗、叶、根等，算是别开生面。他写道："凡诸花及苗、叶、根与诸野菜药草，佳品甚繁。采须洁净，去枯、蛀、虫、丝（丝指的是花草中的筋丝，口感不佳，人罕食用），勿误食。制须得法，或煮或烹，燔、炙、腌、炸。"

　　接着他又指出："凡花菜采得洗净，滚滚一焯即起，亟入冷水漂半刻，抟（同团，此处指将焯过的花、叶、菜，用手团起来，捏干）干拌供。则色青翠，脆嫩不烂。"而在梅花方面，其法为："将开者，微盐挼（指拌）过蜜浸，点茶（放一些在茶里）。"食法新颖别致，颇能耐人寻味。

　　无独有偶的是，南宋人林洪在《山家清供》一书内，亦提供三则以梅命名的美味，一为用梅花制作，一为似梅花味道，一为具梅花形状。三者环环相扣，真是精彩万分。

其一为"梅粥"。做法极简单，但雪水难罗致，能用泉水即佳，精洁的水亦可。其法为："扫落梅英，拣净洗之。用雪水同上白米煮粥。候熟，入英同煮。"并引当时四大诗人之一杨万里的《寒食梅粥》诗句，诗云："才看腊后得春饶，愁见风前作雪飘。脱蕊收将熬粥吃，落英仍好当香烧。"明人高濂遂在其《遵生八笺》中收录，但文字略有不同，写得亦较详尽。曰："收落梅花瓣，净，用雪水煮粥，候粥熟，下梅瓣，一滚即起，食之。"

其实，"梅花粥"虽然易煮，但总结前人经验，最好不用落英，而是选含苞未放、萼绿花白、气味清香者为佳，且在煮熟之后，就空腹温热服，效果最为显著。

"梅花粥"也可当成药膳。因为《百草镜》认为，梅花"清香，开胃散郁，煮粥食，助清阳之气上升"。《老老恒言》则提及梅花粥"兼治诸疮毒。梅花凌寒而绽，将春而芳，得造物生气之先；香带辣性，非纯寒。粥熟加入，略沸"。

其二为"梅花脯"。原来是把"山栗、橄榄薄切，同食，有梅花风韵，因名'梅花脯'"。此山栗乃栗的一种。子实较板栗稍小，可食，十分甘甜。橄榄又叫青果，果实尚带青绿色，即可供鲜食，初吃味涩，久嚼而甜，余味无穷。把这两者切成薄片，再一起食用，有梅花风韵，设想甚奇特，命名为"梅花脯"，充满想象空间。

其三为"梅花汤饼"。这里的汤饼，指的是馄饨皮。但凡食物要引人入胜，除色、香、味外，形也要出众，才矫矫不群。此汤饼是由福建泉州的高人制作出来的。其要领为："初浸白梅、檀香末水，和面作馄饨皮。每一叠，用五分铁凿如梅花样者，凿取之。候煮熟，乃过于鸡（可用蕈替代）清汁内，每客止二百余花。"亦即以馄饨皮作梅花状，既馨香，又雅致，每位客人吃两百多片。其造型之美，真无以上之。故留元刚有诗赞云："恍如孤山下，飞玉浮西湖。"一食而不忘梅，不愧神来之笔。

这三款梅馔，皆不同凡品。或可以养生，或取其风韵，或趣由精工，足见心思玲珑，必能迭出妙味。

采菊东篱发食兴

当我年轻时，喜读陶渊明的《五柳先生传》，文中的"好读书，不求甚解；每有会意，便欣然忘食"，尤对我的脾性，通篇可以成诵。此外，《饮酒》诗第五首的"采菊东篱下，悠然见南山"，恬淡适意，令人神往。我比较好奇的是，他老人家采下来的菊花，是直接食用，还是用来酿酒。毕竟，"性嗜酒"的他，怎会放过此一尤物？

中国人吃菊花，历史相当悠久，始见屈原《离骚》，云："朝饮木兰之坠露兮，夕餐秋菊之落英。"他在《九章》中亦写道："播江离与滋菊兮，愿春日以为糗芳。"此句的意思为：播江离，莳香菊，采之为粮，以供春日之食。糗就是用米粉和麦粉混合而制成的干粮。

到了三国魏时，钟会有赋，称菊有五美，云："圆华高悬，准天极也；纯黄不杂，后土色也；早植晚登，君子德也；冒霜吐颖，象劲直也；流中轻体，神仙食也。"而这等"神仙食"，当然是食用菊，也就是葛洪在《抱朴子》中所称的"真菊"，刘蒙则在《菊谱》中谓其为"甘菊，一名家菊。人家种以供蔬茹……叶淡绿柔莹"；其具体状貌，《三才图会》进一步指出，乃"茎紫气香味甘，花深黄，单叶，蒂有粥膜衣者为真"。又，有一种紫菊，亦能供食用。

吃菊花的好处不少，像中国第一部药书《神农本草经》便将甘菊花列入上品，说它"主风头眩肿痛……久服利血气，轻身耐老延年"。它因而博得"长生药"之说。至于其效验，葛洪《神仙传》记载着："康风子服甘菊花柏实散得仙。"王嘉的《拾遗记》则曰：背明国"有紫菊，谓之日精，一茎一蔓，延及数亩，味甘，食者至死不饥渴"。简直太神奇了。

关于如何吃菊花，古人主要是生吃或制饼，亦能制作羹、饭，当然也可酿酒、点茶。生食之法，首见屈原《离骚》。钟会《菊花赋》称之为"揉以玉英，纳以朱唇"，《菊谱》谓"咀嚼香味俱胜"，故明人谢肇淛的《五杂组》才说"古今餐菊者多生咀之"，它的效果明显，晋人傅玄极为推崇，指出"服之者长寿，食之者通神"。

菊花制成糕饼，出自屈原《九章》。《三才图会》称："取花作糕……佳。"清人朱彝尊《食宪鸿秘》的"菊饼"项下云："黄甘菊去蒂，捣去汁，白糖和匀，印饼。"而同时期的《调鼎集》，其"菊花饼"做法雷同，称："黄干菊去蒂，揉碎，洋糖和匀印饼。"另，《陆地仙经》亦有记载："或用净花，拌糖霜捣成膏饼食。"从其内容观之，以上均为甜馅，适合佐饮菊花茶。

在制羹方面，司马光有《晚食菊羹》诗，未详其做法。不过，林洪《山家清供》所记的"金饭"，倒是写得一清二楚，云："采紫茎黄色正菊英，以甘草汤和盐少许焯过。候饭少熟，投之同煮。"至于其妙用，则是"久食，可以明目延年"。诸君如有兴趣，可以依法制作。

就我个人而言，最想一尝为快的，乃《调鼎集》中所载的"藏菊"，其做法为："鲜冬瓜切去盖，藏菊朵于瓢内，仍盖好，放稻草中煨之。"看起来挺费工，风味应臻绝妙。

富贵花开有胜境

　　家中悬一牡丹画，为父执辈所绘，他雅擅丹青，尤精于牡丹，在其点染下，朵朵皆生动，非常耐看。我望了数十年，现虽不复存在，但深烙脑海中。画上面的题字，则是"富贵花开"。一直到了洛阳，我才见到真正的牡丹花，想不到它还能吃，而且自古皆然。

　　据牡丹的研究者说，野生牡丹原产于中国，以川、陕、滇、藏等西南、西北各地，为其自然分布区。书画名家黄苗子在《茶酒闲聊》一书中表示："我于一九五七年后，在黑龙江省牡丹江的完达山下，却发现满山遍野都是牡丹，这种野生牡丹甚似芍药，多草本，多单瓣，多淡红色，按牡丹江源出长白山脉牡丹岭，可见原始的牡丹，东北是发祥地之一。"

　　牡丹一名，见于《谢灵运集》，诗云："竹间水际多牡丹。"

由此可见，南北朝就有牡丹。另，隋炀帝辟地二百里充作西苑，诏天下进名花。"易州（今河北易县）进二十四相牡丹"（见《隋炀帝海山记》）。这说明中国人工培植牡丹的历史，至少有一千三百年。黄苗子因而认为，"牡丹最早的产地，可能是关外的黑龙江南移至河北的"。

美丽的牡丹花，为芍药属小灌木，别名甚多，有鹿韭、木芍药、花王、洛阳花、国色天香、富贵花等。花瓣可食用，根则供药用。洛阳牡丹之所以特佳，一说是武则天击鼓催花，牡丹偏偏后开，武后因而大怒，把它贬到洛阳。或许适合生长，牡丹得天独厚，遂有欧阳修"洛阳地脉花最宜，牡丹尤为天下奇"的名句。

花大色艳的牡丹，发展至宋代时，已有百余个品种。其中，尤以"姚黄""魏紫"二品，最为艳冠群芳，分别被誉为牡丹中的"花王"与"花后"。而今，洛阳的牡丹，已培育出三百多个品种，色多形美，姹紫嫣红，珍奇异常。

而"自李唐来，世人多爱牡丹"，唐代又是一个诗的时代，咏牡丹于是大量在唐诗中出现。若论最有名的，莫过于李白《清平调》，这三首七言东府诗，里面的佳句甚多，如"一枝红艳露凝香""名花倾国两相欢"等。其妙尤在三诗一贯，花就是人，人就是花，遂成千古绝唱。

当白居易卜居洛阳时，曾以"一丛深色花，十户中人赋"

形容牡丹昂贵。然而，时人仍趋之若鹜，"帝城春欲暮，喧喧车马度。共道牡丹时，相随买花去"的诗句足以形容争买盛况。

此外，一代女皇在春暖花开时游园，见百花盛开，闻满园花香，一时"龙"心大悦，随令宫女采集百花，再制作成"百花糕"，赐给群臣享用，虽为即兴演出，其中必有牡丹，此举大大地丰富中国饮食内涵，平添食林一段佳话。

在林洪的《山家清供》内，载："宪圣[1]喜清俭，不嗜杀，每令后苑进生菜，必采牡丹瓣和之，或用微面裹，炸之以酥。"又，《养小录》的"牡丹花瓣"项下，认为"汤焯可，蜜浸可……"而焯之法，为："滚滚一焯即起，亟（急）入冷水漂半刻，抟干拌供。"以此运用于素食上，可谓食法多元，颇足吾人取法。

1　宪圣皇后，吴氏，为宋高宗赵构的第二任皇后。

我爱玫瑰滋味长

在求学期间，看了很多西方的戏剧小说，自然也看了不少电影。很多刻画和场景，少不得出现玫瑰，不免自然而然地，以为它来自西方。以后见识日增，才知大谬不然。中土老早就有，不但分得精细，名称也不统一，像荼蘼、蔷薇等（外国一律称 Rose）。而且在南方多称为玫瑰，北方则叫作月季。不过，这不碍其始终存在。毕竟，莎士比亚有句名言："姓名有什么意义呢？那种叫作玫瑰的花，换了一个名字，也是一样的可爱。"

细究其中区分，以往的中国人，认为玫瑰只有红、白两色，其他杂色的花，一律都叫月季。还是南宋诗人杨万里在《红玫瑰》诗中说得好，云："非关月季姓名同，不与蔷薇谱牒通。接叶连枝千万绿，一花两色浅深红。"

早在西汉时，中土的蔷薇已经盛开。汉武帝曾指着蔷薇对宠姬丽娟说："此花绝胜佳人笑也。"而从六朝到唐宋，歌咏蔷薇、玫瑰的诗不少，且从各个角度切入，充满绝妙好诗，如简文帝云"氤氲不肯去，还来阶上香"，即描写庭院的香气经久不散；唐彦谦云"无力春烟里，多愁暮雨中，不知何事意，深浅两般红"，状其姿态和色彩；黄庭坚云"汉宫娇额半涂黄，入骨浓薰贾女香，日色渐迟风力细，倚栏偷舞白霓裳"，明显是咏黄、白玫瑰；而针对玫瑰四时花开着墨的，则以韩琦的"何似此花荣艳足，四时长放浅深红"及苏轼的"花落花开无间断，春来春去不相关"的诗句，最为脍炙人口。

清代玫瑰产地中，以苏、杭两地为良。是以郑肖岩说玫瑰花"惟苏州所产者，色香俱足"。曹炳章则指出："玫瑰花产杭州笕桥者，花瓣紫红，花蒂青绿色，气芳香甚浓者佳；产湖州者，色紫淡黄红色，朵长，蒂绿黄色，且有小点，香味淡，略次；萧山、龛山产者，桃红色，味淡气香而浊，受潮极易变色，为最次。"

在药用方面，明人李时珍的《本草纲目》表示，玫瑰气味甘，温，无毒，能活血、消肿、解毒。当时普遍栽植，不仅为了观赏，还用来治病、窨茶、酿酒。到了清代时，王孟英在《随息居饮食谱》中亦认为："玫瑰花，甘辛温。调中活血，舒郁结，辟秽和肝。蒸露（指制香水）熏茶，糖收作馅。浸油泽发，烘粉悦颜。酿酒亦佳。可消乳癖。"由上观之，其功用诚大矣哉！

又，在食用方面，玫瑰多充作点心。清代的《食宪鸿秘》中，记有"玫瑰饼"。云："玫瑰捣去汁，用滓（即花泥），入白糖，模饼。"而《调鼎集》的做法则是："整朵装盒，锤烂，去汁用渣，入洋糖，印小饼。"该书另有"玫瑰卷酥""玫瑰糕""玫瑰粉饺"等吃食。后者甚有意思，其做法为："玫瑰膏和豆粉作饺，包脂油、洋糖蒸。"

江苏无锡人所制的"玫瑰香蒸饺"，堪称一绝。它在制作时，先用澄粉擀成薄皮，包入干的玫瑰花瓣、蜂蜜及核桃末所拌成的内馅，再上笼蒸透即成。饮食名家唐鲁孙，形容其美妙处，在于"大不逾寸，澄粉晶莹，隐透软红，沁人心魂"，望之不觉津液汩汩自两颊出矣。

藤萝花饼难忘怀

　　早年曾读名作家刘心武的《藤萝花饼》一文，里面写道："高大娘家门前，有一架紫藤，每到夏初，紫藤盛开时，她就会捋下一些紫藤花，精心制作一批藤萝花饼，分送院内邻居。当年我是最馋那饼的，高大娘在小厨房里烘制时，我会久久地守在一旁。头一锅饼出来，她便会立即取出一个，放在碟子里给我，笑咪咪地说：'先吹吹，别烫了嘴！'"字里行间，承载着美味的记忆，以及那满满的人情味。

　　如此的场景，已故食家唐鲁孙亦有着墨，指出老家有株老藤树，树龄已逾百，春天开花时，紫藤花满树，他的老母亲，会摘下带露的花朵，制成藤萝饼，供家人大快朵颐。足见老北京人，对此饼的美味，念兹在兹，毕生难忘。

　　有关紫藤的记载，最早见于《山海经》及《尔雅》，而描写最详尽的，则出自《花经》，云："紫藤缘木而上，条蔓纠结，与树连理，瞻彼屈曲蜿蜒之状，有若蛟龙出没于波涛间；仲春着花，披垂摇曳，宛如璎珞，坐卧其下，浑可忘世。"摹状写神，着实精彩。

苏州拙政园门前，有棵巨大紫藤，相传为文徵明手植，香远气清，中人欲醉，颇有他在书画上的情调。但苏州的紫藤，我个人独钟南园宾馆庭内的那株，枝干盘曲，当春繁花如锦，紫云盖天，盘桓花下，微香入鼻，令我神志一清，时见落花盈庭，蜂蝶来去，借句书画名家黄苗子的话，"有如读白石老人的画，如醉如悬，参得一时清静禅也。"

偶读钱新祖的文章《公案、紫藤与非理性》，文中指出：紫藤也叫葛藤，因为它的枝干，都缭绕不清地互相纠缠着，所以禅宗语录中，"葛藤"是唐、宋人常见的口头语，例如"有句无句，如藤倒倚"，便是宋朝的圆悟禅师给弟子参禅的一则公案。

又，《出曜经》上写道："其有众生堕于爱网者，必败正道……犹如葛藤缠树，至未遍则树枯。"由于佛戒"贪、嗔、痴、爱"，所以，"堕入爱网"者，就像紫腾缠绕的树一样，比喻烦恼至终。而此"爱"，不单指狭义的男女爱情，凡任何执着爱好，只要入迷，皆属之。结果必如葛萝往身上缠，最终不外是烦恼一场，导致一切皆空。

"藤萝饼"的制作,顾仲的《养小录》及高濂的《饮馔服食笺》均有记载,文字略有出入,今从《养小录》。其"藤花"条下云:"搓洗干,盐汤、酒拌匀,蒸熟,晒干。留作食馅子甚美。腥(即荤)用亦佳。"究竟如何好法,我倒没有吃过。有人说是"花有柔香,袭人欲醉",恐系想象之辞。

　　唐代世家子弟李德裕,曾咏《忆新藤》一诗,云:"遥闻碧潭上,春晚紫藤开。水似晨霞照,林疑彩凤来。清香凝岛屿,繁艳映莓苔。金谷如相并,应将锦帐回。"将其美比喻成晨霞及彩凤,别开生面,挺有意思。

　　日本人吃紫藤花,注重原形呈现,或略渍生食;或插在豆腐上,做成"藤豆腐";或撒在"散寿司"上,既闻馨香,亦品美味。这些我都试过,若论其滋味,那可是"别有一番滋味在心头"哩!

笑逐颜开无名子

　　我爱吃无名子，它的别名很多，有"胡榛子""阿月""阿月浑子""必思达"等，但最赫赫有名的，则是"开心果"。逢年过节时，常现其芳踪，不论是罐头装，还是整包装，都很受人欢迎，每每一个接一个，非吃到过瘾方休。

　　早在十余年前，我赴伊朗旅游，到处有卖此物，觉得不可思议，后来向人请益，始知这玩意儿原产于古波斯。伊朗为其大产区之一。事实上，这个阿月浑子，远古的波斯人，即知好好利用，游牧民族备此，才敢放心远行。它亦是军需品，多食既能御寒，又能增强体魄，防止疾病发生，因而"骁勇善战"。公元前五世纪，在波希战争中，波斯取得胜利，据说是靠吃它，才能扭转战局，获致最后成功。

　　西方人识其功效，在公元前四世纪。当时，亚历山大远征，大军深入敌境，举目荒无人烟。由于前无进路，后无粮草接应，面临危险绝境。他们能生存下来，同时保持战力，说穿了亦不奇怪，原来当地的山区，生满了无名子树，茂密并结实累累，全军无不饱啖，终于化险为夷，渡过难关。

它在中国落户，迄今超过千年。唐人段成式在《酉阳杂俎续集》中，即记载着："胡榛子，阿月生西国，蕃人言与胡榛子同树，一年榛子，二年阿月。"足见他已见过此物，但不详其由来，只是听异族讲其身世。还是明人李时珍引述明白。他先引唐代陈藏器《本草拾遗》，云："阿月浑子生西国诸番，与胡榛子同树"；继而引徐表《南州记》说："无名木生岭南山谷，其实状若榛子，号无名子，波斯家呼为阿月浑子也。"

讲得具体些，胡榛子是通过两种途径传入中国，一是循路上丝路，从西域进入中原；另一是走海上丝路，由波斯经印度，再入两广。也就是今日热门的"一带一路"。不过，李时珍在《本草纲目》里，对他见过的植物，会详载其根、茎、干、叶、花、果、子，甚至种植方式及开花结果时间等，无不巨细靡遗。几乎未曾一见只是引用原籍，并不发表意见。准此以观，他应未见过"无名木及其果实"；亦可反证，当时在中国，开心果并未全面流行。

当下市场最常见到的开心果，出自美国的加州、得州等地，但以"加州"为品牌，广泛在两岸通行，正因其果实硬壳开裂，露出果核，方便食用。而在汉语中，"开心"代表着高兴、快乐、幸福等正能量。以此为名，颇为传神，甚利营销，它能成为干货上品，显然有个绝佳口彩。

李时珍总结前人经验，认为开心果的药用价值甚高，指出其"辛、温、涩，无毒。主治诸痢，去冷气，令人肥健。治腰冷，阴肾虚弱"。所以，在"房中术多用之"。现代医学证明，它含油量很高，其油质地极佳，外观像橄榄油。此外，亦富含维生素A、B、C、E，蛋白质和无机盐等，对中老年人及常动脑者，具抗衰老作用，对增强体质实有莫大帮助。难怪波斯国王，均视它为仙饭，每天吃个几颗，以求长命百岁。

齐白石长寿秘诀

　　齐白石苦学出身，终成为一代大师。他的艺术成就在书、画、印、诗，可谓具体而全面。他曾自己刻两方印，其一为"不知有汉"，另一为"见贤思齐"。所谓"不知有汉"，就是秦汉人治印，其过人之处，在胆敢独造，故能超越千古，取得至高成就。而此"见贤思齐"，即在于好学精神。若非勤学和善学，致画风一变再变，当然无法成其为齐白石了。这"不知有汉"和"见贤思齐"，正如艺术的两翼，有它们的振翅，艺术才可能飞得高，同时也飞得远。

　　由于苦熬出来，必须身强体健。这路崎岖曲折，除勇猛精进外，还得元气淋漓。有了此种本钱，在时间淬炼下，时时迸出新意，制造无数话题，自然别有天地，成就艺术伟业。

　　白石老人长寿，活了近一百岁。他特别爱吃花生，有次对人家说："假使要长生，最好是每天吃生的花生米三次。不要去皮，每次吃五六颗。"他说完后，便将几颗花生米，分赠给众人品尝。大家吃不惯生花生，又碍于长者颜面，即使嚼了一阵子，还是全吐了出来。他看了只有苦笑，一直摇头不语。

生命力惊人的齐白石，在近耳顺之年时，由其太太做主，为他娶个小妾，进门时才十八岁。她生有二子三女，身子不爽，有气喘病。白石要她常吃生花生米，表示不仅能治气喘病，而且可以长寿。这位名宝珠的妾，有否治疗气喘病，现在已不得而知，但她四十二岁过世，反而是因难产玉殒。

我亦好花生米，却从未生食过，不喜欢仁大者，偏爱仁小质松，甚至是紧实者。早年甚喜"白沙湾炒花生"，今则独钟金门特产的晒花生。

早在三四十年前，初尝白沙湾现炒现卖的海沙花生，便对它的小仁皮红、质松而脆，赞不绝口，吃个不停。以后路过该地，或在附近的十八王公庙前，以及石门风景区内，但见便买，出手大方，常随剥随吃，亦馈赠亲朋，每众口交誉。此尤物虽佳，无奈火气大，不敢太放肆，以免找罪受。

约十余年之前，尝到金门花生，外表朴实无华，而且干瘪仁硬，望之无精打采，好似寸断枯木，但是一到嘴里，越嚼越来劲儿，或嘎嘣脆响，或作裂帛声，但奇妙的是，一旦上了口，居然停不下。它可独自品赏，也可数人共享，此时佐以白干，小酌个两杯，滋味无穷无尽，实为一大享受。

此种金门花生，采摘豆荚下来，置灶上大锅内，放些盐和八角，再注水于其内，柴火慢慢煮熟，接着烈日曝晒，越干越不易坏。以前是穷人零嘴，今则须重金搜购。近日蒙当地名流杨永斌、李台山见赠，食来蕴藉有味，即使吃到齿酸，依旧手痒难耐，直吃到咬不动方休。

齐白石最为世俗所知的理论，乃"不似之似"，意谓："太似为媚俗，不似为欺世。"花生米的滋味，堪称包罗万象，唯独金门花生，达到此一境界，是以特别爱吃，每一得即欣喜。权在此野人献曝，愿大家都能品享。

生煸草头春气息

在春暖花开时节，我最爱的野蔬，非草头莫属，尤其在生煸后，翠绿带爽，鲜嫩异常。可惜这门绝活，离开了上海市，就很难吃到口。我曾在上海的"聪菜馆"尝到此一尤物，至今无时或忘。

基本上，植物的嫩叶，大多生长在茎或枝的顶端，因而在吴语方言中，凡嫩叶或嫩芽，都可以叫作"头"。而此所谓"草头"，乃苜蓿的嫩叶。苜蓿叶片歧生，即由三片小叶组成复叶，故亦称"盘歧头"。又，它开金色小花，别名为"金花菜"。究其实，原产地在欧洲，多充牲畜饲料。据《史记·大宛列传》的记载："俗嗜酒，马嗜苜蓿。汉使取其实来，于是天子始种苜蓿……"可见将苜蓿种引入中土的，乃汉朝的使臣。本不详其姓名，但《述异记》直接点出："张骞苜蓿园在今洛中，苜蓿本胡中菜，蓿始于西国得之。"奇妙的是，它初春抽芽时，人们采摘而食，等到时间一过，嫩叶变老菜皮，由于不堪食用，遂被当成马饲料了。

林洪《山家清供》一书记载了一个吃苜蓿的故事，题为《苜蓿盘》，很有意思。原来唐玄宗开元年间，东宫（太子所居之地）的官员们，生活清淡，没啥油水。时任左庶子[1]的薛令之（字君珍，号明月先生，乃福建第一个考上进士者）有感而撰诗，云："朝日上团团，照见先生盘。盘中何所有？苜蓿长阑干。饭涩匙难滑，羹稀箸易宽。以此谋朝夕，何由保岁寒。"皇帝到了东宫，遂题诗于其旁，写道："若嫌松桂寒，任逐桑榆暖。"令之见此二句，知道天子讥诮，心中惶恐不已，马上辞职归乡。

同为福建人的林洪，未知苜蓿为何物，后因特殊机缘，得其种子及种法，当然包括吃法，于是写道："其叶绿紫色而灰，长或丈余。采用汤焯、油炒，姜、盐随意，作羹茹之，皆为风味。"

末了，林洪发表观点，声援同乡先贤，意思是：这东西不差呀！何以薛令之如此厌苦？能任东宫官僚，皆为一时之选，而在唐朝时，贤士见于篇章，一般都是左迁（即降职调动），令之以诗寄情，恐怕不在此盘（指苜蓿盘），而在不太得志，

---

1 左庶子：官职名，负责教皇太子读书或侍从太子左右。

乃兴"食无余"之叹，"今也每食无余"[1]（指无多余食物），玄宗贵为天子，竟然用诗讽刺，实在很不厚道。代发不平之鸣。

以苜蓿入馔，古人常做羹汤，近则风行炒食。初春抽芽长叶时，人们每摘嫩叶为蔬，上海名菜"生煸草头"（又名"酒香草头"）即是。做法不算困难，却窥厨师手艺。其法：先将草头洗净，入沸水略滚即捞起，沥干；炒锅内置猪油（可以花生油、苦茶油替代）少许，再把草头入锅，加入适量盐、糖，于起锅之际，喷白酒即成。但见色泽碧绿，食味嫩而清鲜，颇能适口充肠。

草头腌渍后，即"腌金花菜"，是下饭好物，亦能解馋，人言"不咸不淡制得鲜……喜咬菜根味"。

此物尚有食疗功效。据《本草纲目》记载，苜蓿"利五脏，轻身健人，洗去脾胃间邪热气，通小肠诸恶热毒"。劝君多采食，好处莫大焉。

1　出自《诗经·秦风·权舆》。

窈窕淑女采野莲

约四十年前，初读《诗经》时，即由第一首里的荇菜，引发一些联想。这荇菜，为何参差不齐？先是顺水流动，接着逐一采摘，最后挑选完成，均出自淑女之手。而批注书上的解释，每语焉不详，有看没有懂。直到三十年前，有次前往美浓小镇，不仅见其身影，而且品其滋味，终于拨云见日，一窥其奥妙处。

美浓位于高雄市，居民多为客家人，以生产烟叶闻名。但据故老相传，约当清代末年，当地的祖先们，从家乡移民时，带来一种野菜，植于一湖泊（现称为中正湖）中。长成后茂密丰美，食之耐嚼且鲜，成为野蔬来源，由于外表像莲，遂称为"野莲仔"。起初极为罕见，食客争相宣传，终成美浓特产。早年既来到美浓，不尝尝此野莲仔，有空入宝山之叹。

其实，这野莲仔说穿了，就是荇菜。见于《周南·关雎》，其产地在今陕西。它是龙胆科多年生水生草本植物，茎多分枝，沉入水中，生长许多不定根。上半部的叶对生，其余部分互生，叶近于圆形，漂浮水面上；叶柄细长而柔软，基部变宽抱茎。花的色泽金黄，开时"弥覆顷亩"，在阳光照射下，每见泛光如金，亦有花小而冠白者，称为小荇菜。广泛分布于中国南北各省，以及日本、韩国和俄罗斯等国，生长于池塘及水流缓慢的溪河中。是以在台湾得见此菜，也就不足为奇了。

《尔雅》的注疏指出，荇菜"丛生水中，叶圆在茎端，长短随水深浅，江东食之"。短短几句，描绘传神。只是享受其美味者，岂江东（即今江南）人士而已？

至于《周南·关雎》篇之"参差荇菜"，是说女子在河边采荇菜，引发男子的思慕。而当时采收水生野菜，不像今日这般，可以随兴任为，尚有阶级之分，并有所谓的"后妃采荇，诸侯夫人采蘩，大夫妻采蘋藻"之语。而这些女子采来的荇菜，当作野蔬食用，尝其细嫩茎、叶，吃法则是用米粒煮羹，享其脆嫩滑柔。

荇菜虽四季可食，但冬春之际，阳光微弱，叶片较黄，茎部较老，口感略逊。一旦到了夏秋两季，日照充足，叶片转绿，嚼之脆嫩，诱人馋涎。此外，它的根在水底，亦有特别用法，《尔雅》注疏即云："与水深浅等，大如钗股，上青下白，蠹其白茎，以苦酒浸之，肥美可案酒。"显然是个不错的下酒菜。

以往在中正湖畔浅水处,一人腿深左右,即能探手采摘。湖中心深丈余,唯有撑起竹筏,从筏上跃水里,潜入湖底淤泥,捞起整丛野莲仔,有它个三五丛,即够一家食用。后来水质恶化,野莲仔逐渐消失,乃移植至他处,仍种农家池塘,作零星的栽培。目前种植已多,也不再是野蔬,人们便改其名,管它叫作"水莲"。

　　水莲在食用前,须在水中揉搓,既除去草菁味,亦助茎部软化,然后切段下锅,先汆烫再冰镇,凉拌即是美味。如果选择快炒,可选用姜丝、菠萝、豆豉、蒜片等佐味。我个人偏好后者,其色翠白相间,其味馨香带脆,值此炎炎夏日,真是消暑隽品。

马兰豆干逸清芳

明代高邮人王磐，字鸿渐，号西楼，是位散曲作家，与陈大声齐名，并称"南曲之冠"，其作品集为《王西楼乐府》。王除了散曲外，另著有《野菜谱》，收野菜五十二种，春天长的马兰（或作拦），即为其中之一。

这本《野菜谱》的特色，为上文下图。图为此野菜的样子，文则简单的描绘它的生长季节、吃法。文后皆系有一诗，是近似谣曲的小乐府，大半是借题发挥，以野菜之名起兴，都写些人民疾苦。比方说，写到马兰头时，云："马拦头，挡路生，我为拔之容马行。只恐救荒人出城，骑马直到破柴荆。"

马兰，以嫩芽供馔，故叫作兰头。早春即盛开，可一直采到出秋开花时分。它属菊科植物，带有菊叶之香，香气淡而不薄，却有"恶草"之名。此出自汉人东方朔《七谏·怨世》篇的"马兰蹞踔而日加",文中所谓"蹞踔",原注为"暴长貌",意为生长极速。如此繁茂现象,当然有碍其他香草的成长,由于香草比喻君子,它自然是恶草了,是以唐人陈藏器才会说:"以恶草喻恶人"了。

对马兰赞颂不绝的诗歌,乃明人的一首五言古风,诗云:"马兰不择地,丛生遍原麓。碧叶缘紫茎,二月春雨足。呼儿竞采襭,盈补更盈掬。微汤涌蟹眼,辛去甘自复。吴盐点轻膏,异器共爨熟。物俭人不争,因得骋所欲。不闻胶西守,饱餐赋杞菊。洵美草木滋,可以废粱肉。"

此诗从马兰的形状、生态、采集,一直到烹饪、滋味、评价,乃至感慨,句句皆实话,无虚夸之词。诗只是一般,能一一呈现,并产生共鸣,已难能可贵。

马兰的别名甚多,因地而异,有鸡儿肠、一枝香、路(田)边菊、红管药、竹节草、蟛蜞菊、阶前菊、紫菊、蓑衣莲、红梗菜、野兰菊等,甚至有叫泥鳅串(或菊)者。而最特别的,则是"十家香",此名出自袁枚的《随园诗话补遗》:"汪研香司马摄上海县篆(掌印),临去,同官钱别江浒,村童以马拦头献。某守备赋诗云:'欲识黎民攀恋意,村童争献马拦头。''马拦头'者,野菜名,京师所谓'十家香'也。"

以马兰头入馔,常用于素炒。由于是嫩芽,不可长时间加热,炒也得急火快炒,否则色、香、味尽失。即使有些夹生,也胜过火多矣。如果做成素汤，可先制作豆腐汤或黄豆芽汤，当快起锅之时，把洗净的马兰头入锅略氽，待它色呈翠绿，尚未绵软之际，立刻盛碗供食，滋味甚好。

清人王孟英的《随息居饮食谱》记载，马兰"嫩者可茹、可菹、可馅，蔬中佳品，诸病可餐"。《随园食单》谓："马兰头摘取嫩者，醋合笋拌食。油腻后食之可以醒脾。"此外，它也可炸来吃，例如《救荒本草》云："采嫩苗叶，炸熟，新汲水浸去辛味，淘洗净，油盐调食。"

我特爱品尝台北"荣荣园餐厅"的"马兰头拌豆干"一味。将豆腐干及马兰头二者，均切得极碎，再把这些细丁子，用好麻油一拌即成。色黄中带翠，闻之有清香。临吃之时，以匙取用，直接送嘴里，略咀嚼即咽，馨香盈唇齿。以此当前菜，诚开胃隽品。

黄精入馔有别趣

壬辰年（2012）仲秋，我走访洛阳，来到白云山，此山颇壮美，景致甚幽缈。第一个晚上，便吃农家菜，店名有意思，叫"三哥三嫂的店"，应是以辈分命名。菜有凉、热之分，皆为山产野蔬。其中的凉菜，分别为石芥菜及凉拌黄精。前者以芥末略腌，嚼之会冲鼻；后者则微辣带苦，均足以提神。置身山岚中，清风习习吹，仿佛在仙境。

黄精为多年生草本植物，仙家以为它是芝草之精粹，得坤土之精华，故称它为黄精。其别名甚多，如仙人余粮、白及、葳蕤、鹿竹、救穷草或救荒草等。药用部分为块根，其正宗者味道纯甜，纤维质略多；有的味略辛，甚至带点苦，质地稍粗糙。我所尝到的，显然是其苗，并未得正韵。

其叶片翠绿如竹，可供观赏。每到夏季，开淡绿色、古钟形而下垂的花；根为黄褐色，大片长一起，似乎会走串，模样挺可爱。可成担挑回，用清水略煮，因富含淀粉，食来带甜味，不仅能充饥，且可健筋骨，但不好消化。

关于黄精的补益，见于魏晋时期嵇康的《与山巨源绝交书》，云："又闻道士遗言，饵术黄精，令人久寿，意甚信之。"另，诗圣杜甫对它亦颇推崇，在《丈人山》一诗，即有"扫除白发黄精在，君看他时冰雪容"之句。中医认为它具有补气养阴、健脾、润肺、益肾等功效，只要适当服用，确有延缓衰老，改善头晕、腰膝酸软、须发早白等早衰现象的功效。是以民间亦有"要想不衰老，黄精最可靠"的谚语。显然这个"芝草之精"，药效卓著可信。

黄精如何食用？参考以往食书，发现南宋人林洪在《山家清供》一书内，提出三种吃法，分别是吃菜苗一种与食其根两种。菜苗要如何吃？说得语焉不详，仅指出"采苗可为菜茹"，即充菜蔬食用。或许这就是我在洛阳白云山所吃的凉拌黄精。而要吃黄精根，倒有两种方式，做起来很费工，诸君如有兴趣，为达养生目的，不妨依式制作。

第一法是在仲春时，也就是阳历三月天，来到深山野外，入土深掘其根，经过九蒸九晒，接着将它捣烂，其状黏稠，有如饴糖，可当点心享用。

第二法则难多了，望之手法繁复。取一石左右的黄精，逐个细切成丝，接着用二石五升的水，煮去其苦味后，随即装入绢袋中，先将它滤汁，澄清其杂质，再煎成膏状。最后与黑豆、黄米一起炒过，制作成两寸大的饼，妥当收藏。家里来了客人，给他服食两枚，以尽地主之谊。看来此法甚佳，自用请客均宜，能收补益效果。

现代人嫌麻烦，想要速收成效，可用黄精的根，或炖汤，或泡酒。如果鲜品难得，也可去中药铺，买晒干的黄精，先洗去泥土，用水泡至软，加荤料（如鸡肉、排骨）炖汤，或直接泡酒，若论其疗效，或许差无几。

淮南秘术惠天下——豆制料理

豆腐味美超营养

知名作家彭歌曾说:"豆腐是真正的民族工业,更是中国人十分重要的一种'发明',大家没有重视它,甚至认为它'上不得酒席',这种心理也要算是末世浇薄之风。"他继而发出浩叹,指出:"不以其真才实价来判断,而以其'市价'来定高低,我们的愚蠢,恐怕不止限于对豆腐是如此吧!"

是的,在华人的世界里,豆腐虽然很普通,无论在什么地方,价格都很平民化,但却如同它的身世,能化腐朽为"神奇",成为一道道珍馐,而且是变化万千。

我吃过几款有"富贵气"的豆腐,如为人所艳称的"八宝豆腐""三虾豆腐""畏公豆腐""砂锅什锦豆腐"等,粗料细做,踵事增华,别有滋味外,也别开生面,能开些眼界。但若论我的最爱,仍是些简单烹调,像煎豆腐、红烧豆腐、崩山豆腐、皮蛋豆腐、小葱拌豆腐等。因为这样才能保留它的真味，即使吃个千百回也不厌倦。

而最引我一快的，则是泰安的"三美豆腐"。由于自古以来，就有"泰山有三美，白菜、豆腐、水"之说。泰安白菜，个大心实，质细无筋；泰安豆腐，浆细质纯，嫩而不老；泰安泉水，清甜爽口，不见杂质。是以当地饭店，将此合而为一，制成"三美豆腐"。

豆腐起先是泰安农家的四季便菜，随着历代帝王赴泰山祭祀，先后建立许多寺庙、庵堂。在祭东岳大帝前，人们必吃素吃斋，豆腐遂摇身一变，成为主要的菜肴。早在元代之前，豆腐所制菜肴，已是当地名菜，"三美豆腐"即为其一。

清乾隆年间修订之《泰安县志》记载："凌晨街街梆子响，晚间户户豆腐香，泰城家家豆腐坊。"已充分反映出，泰安城豆腐业兴旺的景象。至于"三美豆腐"，一直沿袭至今，享誉并驰名中外。当地现仍流传着"游山不来品三美，泰山风光没赏全"，足见其影响深远。

2012年夏天，登东岳泰山，途经泰安时，宿"东岳山庄"，一共吃了五顿，皆有"三美豆腐"。纯粹素料烹煮，汤汁乳白而鲜，豆腐软滑细腻，白菜鲜嫩柔滑，堪称清隽爽口，每次喝个两三碗，真的是不亦快哉！

此外，我甚垂涎周作人笔下的"溜豆腐"。它在制作时，"是把豆腐放入小钵头内，用竹筷六七只并作一起用力溜之，即是拿筷子急速画圈，等豆腐全化了，研盐种为末加入，在饭锅上蒸熟。盐种或称盐奶，云是烧盐时泡沫结成……"。

而在品享之际，"新成者也可以吃，但以老为佳，多蒸几回其味更加厚"。看起来挺有趣，正因从来未吃过，心中总惦念着，只盼有幸一尝。

豆腐洁白如玉，柔软细嫩，适口清爽。学贯中西、兼通医理的孙文，在《建国方略》中说："西人之倡素食者，本于科学卫生之知识……中国素食者必食豆腐。夫豆腐者，实植物中之肉料也，此物有肉料之功，而无肉料之毒。故中国全国皆素食，已习惯为常，而不待学者之提倡矣。"旨哉斯言！清代名医王孟英曾推许豆腐为"素食中广大教主"，确有独到见地。

送终恩物吃豆腐

　　早年的俗谚中，常听到"吃豆腐"。这个不雅词儿，常见于调侃时，自我消遣无妨，假使玩笑过头，每会引起误解，对象若为异性，不免有欠格调。关于此词起源，今已无从探究。但我个人以为，豆腐质软而嫩，不论男女老幼，都很容易入口，同时滋味清淡，营养至为丰富，成为调侃用语，自在情理之中。另，家贫而美，或是卖豆腐肆的美少女，则称"豆腐西施"。其状况有如当下的"鸡排妹"或"豆花妹"。过去豆腐是常食之品，曝光率相当高，找豆腐西施吃吃豆腐，恐怕谑而不虐，拉近彼此距离，平添生活情趣。

　　但在长江流域，以往去奔丧时，不论远近村落，往往举家光临，据伍稼青所著的《武进食单》记载："是日家中即不再举火。丧家自须置备菜饭款待，率以豆腐、百叶、豆腐干等做主菜，故举行一次丧事，有须自磨大豆至半石、一石者。乡下人赴丧家吃饭，谓之'吃豆腐'，此俗普遍流行于四乡，抗战时期亦然。"他还特别强调，这"与时下开女人玩笑，谓'吃豆腐'者不同"。可见同样是吃个豆腐，其意蕴实在大不相同。

豆腐在华人世界里，一向被认定是平民食品，即使贵为天子，照样也吃豆腐。吴相湘的《古稀天子与香妃》一文，提到乾隆在位时，"每逢祭天地宗庙，皇帝虽斋戒，饮食仍照常用荤，惟不饮酒，不食葱蒜。至于祖先冥诞、忌辰则素食"。他特地从四执事库档册中，寻出御膳房太监每日记录的"节次进膳底档""照常进膳底档"等，发现记录有云："八月二十三日，世宗宪皇帝（即雍正帝，乾隆生父）忌辰，此一日遵例伺候上进素，内廷主位进素。卯初一刻，外请祭福陵毕。卯正二刻早膳：山药豆腐热锅一品、竹节卷小馒头一品、苹果软脍筋一品、口蘑萝卜白菜一品、罗汉面筋一品、油炸糕、奶子糕，后送菜花头炒豆腐一品。福隆安（乾隆子侄辈）进杂烩热锅一品、盐水豆腐一品、素包子一品，随送攒丝下面，进一品，粳米干膳进些。"

瞧瞧乾隆吃啥？他在生父忌辰当天，以豆腐热锅始，用盐水豆腐终，吃得清清爽爽，既营养又可口，难怪年已古稀，仍然身强体健，享尽人间福报。

在豆腐制成的菜肴中，我个人甚爱"小葱拌豆腐"及"豌豆尖煮豆腐"，前者比喻一清二白，后者则谓来青（清）去白。既言为人行事，当求清清白白；亦指人百年后，一切皆归于零，实不需太计较。

　　清代名医王孟英，在所著《随息居饮食谱》一书里，对豆腐称颂再三，说它"甘凉。清热润燥，生津解毒。补中宽肠，降浊。处处能造，贫富攸宜。洵素食中广大教主也"。面对此一尤物，当然多多益善。只是大豆及其再制品，市面常用基因改造者，食之恐有害，会令人疑虑，应谨慎选食。

豆腐干殊耐寻味

　　父亲忆及家乡食品，曾说："豆腐店每晨有清豆浆出[⋯]豆汁即成豆腐，有老、嫩之分，如果制成豆腐干，则有白[⋯]香豆腐干之别。"此豆腐干市场常见，可整块卤，也能[⋯]条、丝状，烧成各式美馔。其佳品固然不少，但袁[⋯]食单》中所载的"牛首腐干"，看了就对我胃口。[⋯]腐干以牛首僧制者为佳，但山下卖此物者有七家，[⋯]家所制方妙。"出家人茹素，擅制豆制品，乃理所当然，却在盛产地，能一枝独秀，其滋味之棒，应想当然耳。

　　然则，我和家父一样，爱吃豆制零食。他独钟"扯蓬豆腐干"，我偏好"黑豆腐干"。前者为常熟特色小吃，后者是震泽著名特产。这两款豆干，皆出自江苏，但在风味和造型上，居然南辕北辙，值得记上一笔。

"扯蓬豆腐干"在制作时，先制成一般豆干，接着用竹签沿着对角，从中间串起呈扯蓬状，再于两面斜刀，各切一半厚度，刀锋转为均匀间距的细条，形成两面不交叉的网格，将它稍微拉开，放置待其阴干，然后用温油炸，色呈金黄捞出，搁桂皮、八角、小茴香、黄酒、酱油等配料，以文火焖至卤味鲜香。临吃之际，再放适量面酱，现会加些辣油，入口酥嫩够味。我后来慕名品享，味道极为特别，难怪父亲爱煞。

至于"黑豆腐干"，其外形黝黑而方，实在很不显眼，反而能享大名，相传和乾隆有关。他有次微服来到吴江震泽附近的龙泉嘴。只见河水滔滔，不见远近有桥，岸边又无渡船，根本无法过河，侍卫们四出找寻，终于弄到一条蓬蓬船。等到船靠拢后，由于其蓬太小，需要弯腰低首，才能进入舱内，即使贵为天子，仍得屈尊低头。后来有些好事者，在此造一座桥，管它叫作"磕头桥"。

待乾隆坐定后，觉得肚子饿了，船内没啥吃的，只有黑豆腐干，于是拈起充饥，或许饥肠辘辘，感觉味道不错，连吃了好几块，不觉口干舌燥，侍卫奉上开水，却如此淡而无味，实在难以下咽。临时抱佛脚，以豆干置开水内，放上好一阵子，待开水入味后，再呈给皇上喝，没想到味道出奇地好，皇上便喝了个精光。姑不论是否齐东野语，"黑豆腐干"竟蒙皇上品赏，自然水涨船高，非但成为贡品，同时播誉四方，号称"进呈茶干"。

此豆腐干制作考究，选优质黄豆、菜油、冰糖、酱油、茴香、桂皮等，黄豆通过浸、碾、滤、煮、点浆等工序，先制成豆腐状，接着画小方块，以布包裹，榨去水分，沸水泡煮，去豆腥气，制成白胚。入锅用文火焖煮，再添面酱、菜油、冰糖、茴香等辅料，收干汤汁起锅，然后以饴糖熬成的浓汁，两度上色方成。

黑豆腐干色黑有光泽，其味馥郁鲜美，甜咸适中，其质细韧，折而不裂，可作茶点，亦能佐餐，并博得"素火腿"之令誉。我无意中品尝它，从此结不解之缘，总会想方设法，弄些放在身边，成为最佳"茶配"。

馨香嫩美烧斋菜

　　先曾祖父镜湖公，早在清同治年间，当过扬州府训导，虽只是个穷学官，但可携一名厨随任。该厨师姓花，现忘其名字，手艺极精，刀火功高，已臻化境。当时扬州盐商，时有酬酢往来，招致名厨献艺，大家轮流做东，称之为"公馆菜"。花厨经常受邀，每获得满堂彩，盐商出手大方，因而收入颇丰。其事迹有意思，先父生前讲过，张恨水的小说，曾经风靡全国，其浩瀚著作中，里头有一本，专记载此事，可惜忘其名，我找寻未获。

　　根据先父的回忆，20世纪30年代，每在先曾祖忌日，花厨必出现家中，亲炙些可口菜肴。他跑去厨房观看，见花厨指挥厨役，调羹汤绝不试味，数十道叱咄立办，每令他啧啧称奇。当中有一道斋菜，怎么吃也不厌倦，便央求我的奶奶，无论如何，都要习得此馔，供他经常受用。祖母疼爱幺儿，这道菜遂得以传承，而且青出于蓝。自传授给我娘后，再透过其慧心巧手，能随着时令变化，成为她的招牌菜，吃过的无不叫好，只要逢年过节，或者祭祖扫墓，均常见其芳踪。我和先父一样，特别爱吃此菜，只要下了筷子，铁定奋不顾身，吃到盘底朝天。

这道菜的要角，就是有"素鱼肚"之称的豆腐皮。它正称为百叶，又名千张、腐皮、皮子、豆片、豆腐片等。其制作之过程，是以豆腐脑（花）用布折叠压制而成。成品虽为半干状，但含水分的指标，不得超过四分之三。以薄而匀，质地细腻，柔软略带咬劲，呈淡黄色，现出光泽，味道纯正，久煮不碎者为上品。

制作百叶，可以切成细丝，或烫煮后拌食，或配炒雪里蕻、菠菜、韭菜，配烧茭白笋、青菜、白菜等。就目前大台北地区的餐馆而言，位于永和的"三分俗气"，其"雪菜百叶"，确为佳品，耐人寻味。而台北市的"浙宁荣荣园餐厅"，擅烧"菠菜百叶"及"茭白笋百叶"，尽物之性，爽嫩甘鲜，对我胃口，百吃不厌。

此外，百叶由其可包卷特性，常用于制作素鸡、素火腿、素香肠、素鹅等，多用于家常菜或当作小吃。素鸡众所周知，每用作一般筵席的凉菜或烩菜的材料。

《食在宫廷》一书，于1961年时，以日文在日本出版，其作者爱新觉罗·浩乃末代皇帝溥仪的弟媳妇，此书融实用性、可读性和文献性于一炉，有极高的实用价值与收藏价值，值得借鉴取法。其中的"熘腐皮"一味，开宗明义便说："此菜系寺院菜……又名'素鱼肚'。此菜是在宫中斋戒时食用，其做法来自江南寺院。"

烧制此菜的主料，当然是百叶，辅以口蘑、笋片，用黄豆芽汤、酱油、白糖、素油、酒等提味。最宜趁热食用。但民间比起宫廷来，添加许多食材，格外清隽适口，吾家即为其一。

妈妈的"烧斋菜"，除口蘑换成花菇外，另加毛豆、金针（黄花菜）、黑木耳，使成五彩缤纷，如为时令需求，毛豆可改成蚕豆，笋则可绿竹笋、冬笋、茭白笋交替使用，非但热食极佳，冷吃亦甚可口，其奥妙及转折，令我心领神会，歆慕难以自已。

一食素鸡亨运通

鸡的口彩极好，"大吉大利"不说，"吉祥""食鸡起家"也是不错的词。长年食素之人，值鸡年到来，想要沾个喜气，品尝一些"鸡"馔，借以万象更新，甚至三阳开泰，应是美事一桩。且在此介绍两款素菜，都与"鸡"有关联，如果依式制作，进而新春享用，或能带来好运，从此整年康泰，神益清气尤爽。

其一是"素水鸡"，其二则是"素鸡"。

象形菜的作用，在于启迪想象，惟妙惟肖固佳，如果寓意深远，那就更理想了。新年遇水则发，当然是好彩头。水鸡又名田鸡，不仅滋味颇佳，食之甚类鸡肉，而且善于跳跃，在其弹跳之间，一发不可收拾。"素水鸡"这道菜，出自清人童岳荐的《调鼎集》，特为食素者准备。它既显示餐桌上具浓郁文化气息，又运用了慧心巧手，融各种菜蔬于一盘，使来客感觉

101

主人的款款深情，也算是别开生面。

基本上，"素水鸡"是道油炸的佳肴。过年时重口彩，菜肴经火一炸一熏，可代表家运兴旺。此菜制作简易，其原文为："藕切直丝，拖面，少入盐、椒（即花椒），油炸。"然而越是简单，越不容易讨好，此所谓的"拖面"，即是挂上面糊，采用软炸方式。通常是用五到六分熟的油温，先炸至断生，再以七到八成的熟油，复炸出锅，沥油装盘。以外脆内鲜，金黄馨香著称。

不过，烧法人人会变，个个巧妙不同，另一款"素水鸡"，载之于《中国历代名食荟赏》，它不用花椒，食材则改用紫苏嫩叶，切片新鲜香菇和切丁状的黑木耳，手法雷同，别有风味。

又，"素鸡"亦清代佳肴，见之于夏曾传的《随园食单补证》。夏别号醉犀生，出身钱塘世家，能识饮食精微。他在书中指出："素鸡用千层（吴俗呼百叶）为之，折叠之、包之、压之，切成方块，蘑菇、冬笋煨之，素馔中名品也。或用荤汤尤妙。"

百叶亦称千张，属半干性制品，可以切成细丝，或烫煮后拌食，或配炒菠菜、韭菜，配烧青菜、白菜等，也可单独烧烩成菜。此外，由于其包卷特性，常用于制作素鸡、素鹅、素火腿等。其名产有湖南常德"武陵豆鸡"和江西南昌"捆鸡"等，常用于素席的凉菜，或者是烩菜的原料。

我翻看素菜席谱，发现位于四川的宝光寺，不论是高档、中档还是低档的素菜席，它们的冷菜中，皆有"素鸡"一味，且中、高档的素席，尚有"素板鸡"。而它用素鸡凉拌时，另有姜汁和麻辣两种，可见其吃法多元，不光是用来煨汤。

素鸡切块后，用鸡高汤煨，可谓鲜上加鲜。其实，纯用黄豆芽煨汤，比起真正的鸡汤，浓郁纵使不足，但是清馨得多，恐怕也不遑多让。夏曾传先生所说的用蘑菇、冬笋同煨，其滋味一定棒；如果改用素高汤，味道也不是盖的。其法：先将黄豆芽洗净、浸泡；黄豆芽、冬菇梗、草菇、红枣亦洗净。接着把黄豆芽、冬菇梗、草菇置锅内，添适量水煮沸，再放入黄豆、去皮栗子、红枣，以小火煮烂即成。

把各料捞出，置于中碗内，亦是一道菜，取它部分汤汁，另外去煨"素鸡"，一式两吃，吉祥如意，又何乐而不为呢？

精美素鹅振味蕾

在豆皮制作的头盘中，我最爱品尝素鹅，这个凉菜常见，做得好的有限，江浙菜馆拿手，每见妙品纷呈。

食家王宣一善烹此味，她所以能出类拔萃，自有其家学渊源。据她亲口对我说，其娘家姓许，有表兄二人，皆名重当世。其一为许晏骈，笔名高阳，著作等身，为历史小说大家；其二为许姬传，乃一代名伶梅兰芳的秘书，以《许姬传艺坛漫录》传世。另，许姬传的二叔许友皋讲究饮馔，精于鉴味，久居杭州，因而"许家菜""许家酒"，皆闻名遐迩。他曾说："菜要清而腴，忌浓油赤酱，选料很重要，杭州的鱼、虾、笋，绍兴的九斤黄（母鸡），福建的红糟、酱油，都能使菜味生色，但使用这些东西，要各尽其材。"洵为知味识味之言。

"许家菜"的基础，来自于宜兴菜，许姬传接着说："我的

104

祖母朱太夫人，精于烹饪，她与我母亲徐玉辉、四婶母任杏元，都是宜兴人，以后又吸收了各地的风味，形成'许家菜'的风格，当年父亲冠英公（省诗）请客，来宾有冯幼伟、徐超侯、梅兰芳……家里都有好菜，八个凉碟，如风卷残云，一扫而光。"而在此端上来的八个凉碟中，共有二十几样菜色，最常用的八种中，"素鹅"乃其中之一，颇为朋友们称道。

这个绝妙凉菜，由朱太夫人向杭州的尼姑庵学来，此豆腐皮非比寻常，它在杭州可是挨号排的，有头皮、二皮、三皮，甚至有所谓糖皮。在制作"素烧鹅"时，用头皮太硬，三皮太脆，只有二皮顶合适。开始动手前，先将腐皮一张张揭开，再以半湿的纱布，覆盖在每张腐皮上，经过湿润后，将腐皮四周的边撕去，放进碗内，倒上酱油、糖、炼热的花生油调匀，接着把浸在调料卤中的腐皮边夹起，腐皮则铺平，边蘸边涂，等腐皮蘸满调卤后，再叠放一张于其上再涂，要涂个六七张，随即将腐皮的边，置于涂好卤的腐皮上，卷成一条当作心，最后把这叠腐皮，卷成二寸宽的扁卷，先放在蒸笼中，蒸一刻钟左右取出备用。

铁锅放红糖，将腐皮卷置于低浅的笼屉中，置于红糖上熏，火候至为紧要，过火易有焦味。俟其完全冷却后，横切成条状即成。此一佐膳妙品，清腴馨香适中，而且老少咸宜，我一尝即赞叹，其滋味之佳美，一直萦绕脑海。

当然啦！熏的程序繁琐，市面上的做法，通常用炸或煎，口感略带松脆，别有一番滋味，例如袁枚《随园食单·杂素菜单》中的做法，就是用油煎，而且有包馅。

　　其法为："煮烂山药，切寸为段，腐皮包，入油煎之；加秋油（即好酱油）、酒、糖、瓜姜，以色红为度。"

　　我目前常吃"冯记上海小馆"及"荣荣园餐厅"的"素鹅"，其馅或香菇丁，或红萝卜丁等素料，腐皮四五张，色金黄舒张，味鲜甜香软，用此来佐酒，亦适口充肠。

　　此菜若不煎、炸，也可用酱油卤，约烧个十分钟，号称"卤素烧鹅"，味近于"许家菜"的凉盘，唯口感不及其扎实。毕竟，如要滋味佳，工序不能省，且须慢烹调。

百叶隽品烧黄雀

腐皮所烧成的素馔，就我个人而言，特爱那"素黄雀"，首次吃即爱煞，它既名"素黄雀"，亦称"素烧黄雀"，且不管其称呼，但其曼妙滋味，一直浮掠心头。

此菜的主料为百叶，乃粮豆品类加工性烹饪食材，是一种著名及重要的豆制品。百叶又称千张、皮子、豆腐皮、豆腐片、腐衣、腐皮、豆片。它在制作时，是以豆腐脑用布折叠，再压制成片状的制品。其上品必须是薄而匀，质地细腻，柔软而有咬劲，呈淡黄色，具有光泽，除味道纯正外，还得久煮不碎。中国名品甚多。

百叶属半干性制品，可以切成细丝，或烫煮后拌食，或配炒菠菜、韭菜、豆苗、雪菜，配烧青菜、白菜及茭白，当然也可单独烧烩成菜。如切大片包裹，运用包卷特性，常用于制作素鸡、素火腿、素香肠、素鹅等，多充作一般筵席的凉菜，亦可当烩菜原料，最有名的乃"素黄雀"，每用之于筵席，为素馔之隽品。

顾名思义，"素黄雀"以形似黄雀而得名，早年常见于台北的江浙或上海餐馆中，且是席上之珍，每当成压轴菜，吃罢再享汤品，喉韵依旧在，几度上心头。

这个菜在呈现上，主要是粗料细做，论起它的食材来，没一样是值钱的，但经复杂工序后，重新再排列组合，赋予其特殊滋味，虽不是巧夺天工，但也算得其仿佛。厨师的独具匠心，在此则一一彰显，我之所以极欣赏，就在于别出心裁，能化腐朽为神奇。今以省工为取向，既讲究回本要快，而且可坐收巨利，如此的慧心巧手，亦只能束之高阁，引老饕无限遐思，幸好现尚能吃到，否则终成广陵绝响，令识味者徒呼负负。

此菜的制作要领，可谓是各有窍门。即以我尝过最多次的"冯记上海小馆"而言，其主要食材为豆腐皮、豆干、香菇和青江菜等。先将腐衣切成扇形，取其一半，再将豆干、香菇切末；青江菜（亦可用鸡毛菜、荠菜）及掐菜（即去头、尾的绿豆芽，俗称"银芽"）氽烫后，过冷水沥干斩末。把这四样素料，接着拌匀香油，则是馅料，包覆腐衣内，打成个双结，便成一头尖，另一头圆形，形体似黄雀，约备个十只，以清油炸透。油温不宜高，凡过与不及，均影响质量，待炸至金黄，就全部捞起，添笋片、毛豆，佐酱油、白糖红烧，俟烧透入味，乃勾芡荡锅，将"黄雀"翻面，淋上些香油，盛盘后即成。

而为了美观，可用炒过的菠菜或豆苗衬边，翠黄相间，"黄雀"金黄带爽、香甘清脆，嚼之余味不尽，充满着幸福感。英伦食家扶霞女士，曾著《鱼翅与花椒》，风行海峡两岸。我邀她在"冯记上海小馆"同享，食罢赞不绝口，一再称谢不置。

此菜尚有个做法，即不再红烧，于油炸捞出装盘后上席，随带花椒盐、甜面酱，另以炒掐菜搭配，如此则和谐多样，且能净口澄心。但比较起来，我更喜爱前者，盖口感多变化，富层次及美感。犹记得我第一次尝此绝妙美味，是在台北信义路上的"满顺楼"，店家已歇业甚久，现更屈指可数，除"冯记上海小馆"外，仅"浙宁荣荣园餐厅"等数家而已。

猪年品享素火腿

　　江南上好的笋干，美其名曰"素火腿"，用它制作的肴馔，至今仍广受欢迎。它只是个食材，但论其质量和滋味，足以媲美真火腿。此外，花生和豆干同食，尝得出火腿滋味，这可是大才子金圣叹的心得，欲体会其中奥妙，在年节期间，尽可以从容试验。若正巧逢猪年，欲能猪（诸）事皆大吉，品享江苏武进的名菜"素火腿"，或许是不错的选择。

　　这一道"素火腿"，须纯用豆腐皮制作。早在百余年前，武进各大僧寺尼庵，所制作尤鲜美，当地素菜馆所制者，风味反有不及。据近人伍稼青《武进食单》记载，其做法为：先将整张腐皮剪去硬边，涂上酱油、麻油、糖调好之佐料，再铺第二张，再涂再加，至七八张时，卷成圆筒形，用纱布包扎好，与另一条用绳子缚起，放入蒸笼内，蒸七八分钟取出，解去绳子纱布，便成两个半圆形，切片供食，名曰"素火腿"。

我的故乡离武进不远，每逢年节时，家中亦制作，通常当成冷盘，其咬劲和咸鲜，迄今仍难忘怀。只是自祖母、姑母、家母相继仙逝后，已许久未尝此味矣。

另一款"素火腿"，其在制作上，可复杂多了。时值民国初年，常州"义隆素菜馆"的名厨王洪生，改进原本做法，由于颇具特色，遂流传于各地，制作方式雷同，已成著名素馔之一，凡品尝过者，无不夸其味美。

其制作要领为：炒锅放1000克清水，加酱油、白糖各300克及精盐、五香粉（用八角、小茴香、丁香、桂皮、花椒，经炒过再研磨成粉状）、红曲米等，先置火上烧沸，改用中火续熬，将近一刻钟后，加水和芡粉，勾兑成卤汁，用麻油和匀，锅离火待用。接着以3000克腐衣（即豆腐皮），分六次入卤汁锅中，待浸渍均匀后，取出挤去卤汁，然后逐个铺平叠齐，按200克一份，共切卷成20份，再分别卷紧成圆筒形，名之为火腿胚，长约16厘米，直径5厘米。接下来选33厘米的十块纱布，把两条火腿胚扎成十卷，再以细绳扎牢，一起入蒸笼，蒸约一小时，取出稍凉后，去绳和布包，便有20条半圆长条形的素火腿，分别涂抹麻油即成。

此菜的特点为：色深红、质柔韧、味咸鲜，与真火腿比起来，形似而别有风味。我曾在江苏的江阴和镇江两地，品过如此之素火腿，佐饮黄酒，妙不可言。

家父曾经提起，家乡的豆腐店，每日下午，则把多余豆汁（即豆浆）制成厚百叶，绾结，煮一沸取出，浸木桶中出售，称之为"素肝肠"，非常细嫩适口。将它切片后，以上好酱油、麻油拌之，用来佐"泡饭"，清爽至极，足以消积去腻。每当过年时，另取雪里蕻共炒，青白相间，脆嫩兼具，佐粥下饭，堪称一流。

尝罢滋味鲜美的"素火腿"和"素肝肠"后，精神将为之一振，在这一年内，必诸事大吉，再大展宏图。

霉臭千张逗味蕾

　　曾读孟瑶撰写的《豆腐闲话》，里面提到："回忆，常常是很美丽的，我出生于汉口……但故乡事，也依稀记得，有两样美味，似乎在别的地方没有吃到过，一是臭千张，一是臭面筋。臭千张是豆类的加工品，所以由豆腐担子上叫卖，买时上面还有一层白毛（霉菌）;吃时多半用油炸得焦黄，真所谓异香扑鼻。就着干爽的蒸饭（故乡吃用木甑所蒸的饭），实在可口。"

　　霉千张臭气四溢，别看它气味不佳，其貌不扬，同死耗子没有两样，却教人百吃不厌。享誉中国的霉千张，又称毛千张、臭皮子，既是黄冈红安的名产，亦是湖北江汉平原闻名遐迩的传统豆制品之一。它在制作时，是用制好的千张筒，在一定的温度条件下，使白毛霉发酵而成。且此豆制食品，不受季节时令限制，一年四季均能生产，风味独特，每令逐臭之士，一思及即垂涎。

据说霉千张在清代时曾被列为朝廷贡品，可见它历来受人们青睐与厚爱。尤其是在红安，乃招待诸亲友们必不可少的佳肴。杰出的无产阶级革命家董必武，生前特嗜此物，只要一到湖北，每餐进膳时，总少不了它，痛食才甘心。

1958年，董必武还乡。当时，该县国营饮食服务公司的豆制厂，以制作霉千张而名播远近。董必武知之甚详，点名厂内师傅耿明祥，亲自制作霉千张，即使连吃几顿，仍觉意犹未尽，还带走五十筒，回到北京享用。

两年之后，董老再次来到湖北，视察古泽云梦县。用餐之时，名厨宋宏文特地为他烹制了几道霉千张佳肴。董必武品食之际，脾胃大开，心情大好，不吝给予大厨师好评。

制作霉千张，需经过制酸浆、浸泡及霉制这三道操作工序。其成品的外形，会长出雪白细毫，酷似兔毛，又像海绵。而在烹制前，须先用清水，洗去其白毫，接着切成蛋卷型薄片，经油炸之后，搭配葱、蒜，或用韭菜及红辣椒等续烹。成菜色泽金黄，形美光润，皮脆质嫩，鲜香爽口，颇能诱人食欲，食罢余味深长。

我有一个食友，原籍川西一带，说此霉千张，就是他家乡的臭豆腐帘子。每当农忙过后，当地一些妇女，为了增加收入，其最大的副业，除了打草鞋外，就是做"臭豆腐帘子"了。而且这门生意，不独本小利厚，同时销路甚广；所需用具，都是些现成的，只要有黄豆就行。

　　特制好的豆皮，放在案桌上，全家妇女总动员，先把它卷成筒状，再照一定尺寸切断。做得多的，摆在晒箪里头；做得少的，筛子就可以了。直到初步完成，其上覆盖一层稻草，端到四面通风之阴凉地，由它长霉即成。

　　其烧法亦容易。先切成小段，等锅红油热，再煎两面黄，加少许清水，佐以酱油、辣豆瓣、蒜苗等料，盖上锅盖后，用微火略焖，几分钟即成。

　　他讲得眉飞色舞，我就是没有吃过，但觉味蕾被挑逗，心绪已随之而动，好想能一膏馋吻。

张季鸾嗜川豆腐

名士张季鸾，原籍陕西米脂，其先世均为武人，在明末李自成起义时，曾经立过军功，到了祖父年代，举家迁往榆林。其父进士出身，曾任山东邹平知县，他即在此出生。常举于右任之例解嘲，风趣地对人家说："于右任的小同乡，是唐代开国元勋、功业彪炳的三原李靖；而我的小同乡，却是明末占领北京，逼得崇祯皇帝吊死在煤山的流寇李自成。"

张交游极广，为其父母立碑，曾印妥纪念册，每从卧室取出。照一般人的想象，它上面题的题词，一定按民国政府五院院长和一些名人挨次而排。谁知他拿来的，却是四大名旦，依松竹梅兰之序排列，其潇洒有如此者，难怪有名士之目。

平日最爱吃四川"砂锅豆腐"的张季鸾，只要出去打牙祭，布鞋一穿就走，甚至趿拉着鞋，无拘无束，自得其乐。

川菜中的"砂锅豆腐"，其本名为"崩山豆腐"，用砂锅煮。或取其在沸水中翻滚之状，一名"白牛滚澡"。说穿了，就是白水煮豆腐，并无特别之处。而其味美，则在于点豆腐所用的汁。此汁非比寻常，必须用十多种不同的调味料配制，而其中必不可少者，为辣椒粉或红油。

豆腐色白、细嫩，营养丰富，物美价廉，便于消化，且不含胆固醇，备受人们喜爱。四川味兼南北，其用于点豆腐的凝固剂，有盐卤（胆巴）和石膏两种。盐卤豆腐质地绵韧，石膏豆腐质地细腻，两者各有所长。川人擅烧豆腐菜，甚至有豆腐全席。但要翻滚久而不碎，非盐卤豆腐不可。

早在三四十年前，大台北地区川菜馆林立，即使巷弄之内，亦可见其踪迹。我如点下饭菜，必以"麻婆豆腐"或"家常豆腐"为首选；如果品个味儿，则享"砂锅豆腐"。不过，后来的店家，已不用砂锅，而是用有提把的不锈钢锅，下面烧着酒精炉，虽然效果不错，但少了份拙趣。

目前川菜罕见此味，反倒是豆腐花（一名豆腐脑）盛行，常见于早餐中。唯一和"崩山豆腐"相近者，乃麻辣味型的"山泉竹筒豆腐"。其制法如下：选黄豆入缸，以泉水泡至无硬心，再用青石小磨（可用果汁机替代）细磨成浆，入锅加生菜油少许搅匀，中火烧开，沥尽渣滓后，再微火保温，点卤，使凝固成豆花。接着加盖，用微火煮30分钟，豆腐即告完成。接着红辣酱以豆油炒断生，入碗添酱油、花椒粉、红油辣椒、蒜泥调匀，舀入味碟，然后撒上香料，即是其蘸料。最后豆腐舀成片状，入楠竹盛器内，注入豆腐汁即成。

此菜妙在豆腐老嫩适度，用筷子就可轻轻夹起；而味碟的调制，亦可根据食者的口味而定，浓淡随意，浑然天成。

可惜此物虽好，毕竟动手麻烦，以致不能常享。在一些小店中，会看到一大锅，里面放板豆腐，块块匀整续滚，不禁惹我馋涎，点它个一两块，就着素肉臊饭或干面而食，也算聊备一格，就当是小确幸吧！

山海珍味皆无遗——笋菇海物

笋干美称素火腿

散文名家周作人，在《书房一角》引用清人王渔洋《香祖杂记》卷六，写道："越中笋脯俗名素火腿，食之有肉味，甚腴，京师极难致。"他接着表示："所谓笋脯只简单的称笋干，不闻有何别名，或是京师人所锡（即赐）与之佳名欤，亦未可知。"

其实，他此言差矣！在清人袁枚的《随园食单》和童岳荐的《调鼎集》中，皆有"素火腿"的记载，内容倒是一样，表明："处州（今浙江丽水市一带）笋脯号'素火腿'，即处片也，究之太硬，不如买毛笋自烘之为妙。"显然要吃美味，必须自力救济。

文中的毛笋，即毛竹笋。清代名医王孟英在《随息居饮食谱》中记载着："毛竹笋，味尤重，必现掘而肥大极嫩，坠地即碎者佳。"另，近人吴海峰的《评注饮食谱》里，更进一步说明："毛笋为粗枝毛竹之幼芽，笋形较淡竹笋为硕大，时期亦较迟晚，其盛产时，约在春末夏初，大者每颗可十余斤，笋箨有毛，故名毛笋。其肉比淡竹所莳之春笋为软嫩，内含酵素甚多，呈强碱性，胃虚者不宜多食……毛笋颗大，除少数供鲜食外，多数均晒作笋干片而可久藏。南货铺中出售之漉笋干片，为春节做年菜之配件。食用时，须先水浸数日令软，然后切成细丝，与猪肉同煮。素食者可与豆腐皮同食。"对其具体形状、食法，可谓道之甚详。

而与毛笋同为大宗的，则是淡竹，主产于天目山。《调鼎集》另谓："笋脯出处最多，以家园所烘为第一。取鲜笋加盐煮熟，上篮烘之。须昼夜还着火，稍不旺则馊矣。用清酱者色微黑，春笋、冬笋皆可为之。又摇标笋新抽旁枝。细芽入盐汤略焯，烘干味更鲜。"文中的新抽旁枝，就是鞭笋。此是夏季长在竹子根旁的嫩芽，此笋尚未出土，每一竹根之上，仅有几寸鲜嫩的鞭笋，滋味极为鲜美，产量少而价昂。在杭州地区，其所制笋干，称为扁尖，乃采用竹笋旁透发出来的细嫩笋条，加适量盐渍，烘干或晒干而成。最为幼嫩，能透鲜味，食之开胃。

好的天目笋，非常的珍贵，以"清鲜盖世""甲于果蔬"著称。据胡承谋《湖州府志》记载："天目出笋干，其色绿。闻其煮法，旋汤使急转，下笋再不犯器（掀锅），即绿矣。"而此一尤物，多出售外地。《随园食单》中指出："天目笋多在苏州发卖，其篓中盖面者为最佳，下二寸便搀入老根硬节矣。须出重价，专买其盖面者数十条,如集狐成腋之义。"不下重本,难得好货,古今皆然。

不只天目山的笋干好,安徽宣城亦有上品。袁枚真有眼光,也品尝到上货,在"宣城笋脯"条,指出:"宣城笋尖,色黑而肥,与天目笋大同小异,极佳。"

至于这种上佳笋干,又该如何享用呢?《调鼎集》认为,徽(指宣城)笋用盐腌,"取出洗净蒸熟,拌麻油、醋,老人最宜"。简单易行,颇足取法。而用天目笋"泡软手撕,加线粉作羹。又青笋干,切长段,撕碎泡软,加线粉、笋片、香菇、木耳作羹",两者皆名"素鳝鱼羹"。这种吃法别致,我尚未品尝过,哪天心血来潮,或许如法炮制,也算别有食趣。

笋干极品玉兰片

　　大概在三十年前，我到"老莱居"用餐，这是家以"张大千菜"为号召的小馆子，陈设典雅，菜品精洁，手艺不俗。点了好几道菜，印象最深刻的，却是一道素馔，名为"玉兰冬菇"。其中的玉兰片，味鲜嫩脆，不同凡品，食罢笋鲜尚存，真是饶有滋味。

　　所谓的玉兰片，属蔬菜制品类加工性烹饪食材，乃禾本科多年生常绿植物冬笋或春笋的干制品。古称玉版笋。因呈玉白色，片形短，中间宽，两端尖，其形状和色泽，很像玉兰花的花瓣，故有此一称呼。基本上，它创始于清初，湖南省武冈县首设工场制作，自其畅销后，各产笋之地，便纷纷仿制。清人袁枚在《随园食单》的"玉兰片"条下，指出："以冬笋烘片，微加蜜焉。苏州孙春阳家，有盐、甜二种，以盐者为佳。"另，

《清稗类钞》亦记载："玉兰片者，极嫩之绿笋。以三四两在清水中浸半日，待发透，取出，切薄片，去其老者……"可见在清代的菜肴中，玉兰片已占有一席之地。

主产于长江流域及华南、西南地区的玉兰片，一向是行销全中国的高档干菜珍品。而它在制作时，须经切根、烧煮、炕烙、熏磺四道工序；故不论是干片或磺片，于烹制前，均须用清水浸漂两到三天，如能用淘米水浸泡，效果更佳。另，每天得换水揉洗，接着以温水漂洗，除尽其硫黄味，假使未漂洗干净，食时会带酸苦味。尤须注意的是，涨发的容器，不能用铁锅，否则会变色，降低其质量。

玉兰片的品种，按采收时间的不同，可分为尖片、冬片、桃片和春片四种。

尖片又称笋尖、尖宝，以立春前的冬笋尖制成。表面光洁，笋节紧密，质嫩味鲜，为玉兰片的极品。

冬片为农历十月至惊蛰前掘出的冬笋加工制成。片平光滑，节距甚密，质细嫩味亦鲜，品质仅次尖片。

桃片亦名为桃花片，用春分前后刚出土或未出土的春笋加工制成。根部刨尖，中间较大，形弯似桃，肉质稍薄，嫩度够，味亦佳，较冬片更次。

又名大片的春片，采用清明后出土的春笋制作。节少质老，纤维已粗，齿轮凸出，品质最下，唯耐咀嚼。

上述诸品，凡未经硫黄熏制者，习惯上称干片。

购买玉兰片时，宜选色泽玉白或奶白色、身短肉厚、笋节紧密、笋片光洁、质嫩无老根、身干无焦斑、未见霉蛀者为佳。约于每年五月时，新品才上市。而在烹调运用中，虽可当作主料，但常充作配料，每用于汤菜、炒菜、烩菜内，也能做热炒、大菜的衬底，还可切成粒状或斩末当馅。如果换个花样，切丝或片后，能另成凉拌菜。它更特别的是，尚可供作配菜料、造型料、镶卷料及调节滋味、口感的原料。在各素馔中，其运用之妙，实存乎一心。

此外，它性味甘平，能定喘消痰。因而《本草纲目拾遗》认为其"淡片，利水豁痰"，凡患有痰症者，似可考虑进食，但要酌量受用。

菜中珍品傍林鲜

现盛产麻竹笋，品尝一些笋馔，炒、烩、汤、羹皆有，虽然它的纤维比绿竹笋粗些，但仍细嫩适口，同时多点脆度，就在享受当儿，想起童年往事，不禁喜上眉梢，志此难忘食趣。

当时年方十岁，家住在员林镇，父亲供职法院，全家住宿舍里，是个日式建筑，屋内约四十坪[1]，院子则三倍大，院外景观特殊，一面是个湖泊，两侧皆为田地，后有一湾溪流，环绕整个竹林，真是个好居所。而竹林的主人，是同学的爸爸，他家世代务农，竹林是其祖产，亦为玩耍之处。我常悠游其中，经常乐不思归。一个夏日午后，其父正扫竹叶，我们觉得好玩，在旁边凑热闹，接着就是掘笋，便更加起劲了。那笋块头甚大，

1　坪：日本面积单位，1 坪约等于 3.306 平方米。

约有一两公斤，把它逐个堆叠，上覆满满枯叶，夹杂一些枯枝，然后举火焚之。

直到日西时分，但闻清香扑鼻，去箨剖半切块，大家分食完毕，才快乐地返家。这等美好回忆，已超过半世纪，至今回想起来，仍觉十分甜蜜。

约在这个时候，我参加了幼童军。有次举行野炊，也到那片竹林，老师带着我等一起埋锅造饭，看到竹笋茂盛，采摘整治切块，与淘洗好的米，煮成一锅笋饭。饭香笋香融合，吃得好不过瘾，真个是小确幸。

后来广读食书，在《山家清供》里看到一则笋馔，作者林洪写道："夏初，林笋盛时，扫叶就竹边煨熟，其味甚鲜，名曰'傍林鲜'。"原来这种吃法，并非同学之父首创，而是古已有之，且有漂亮名字，充满浓浓诗意。林洪接着写说："大凡笋，贵甘鲜，不当与肉为友。今俗庖多杂以肉，不才有小人便坏君子。"并对苏轼《于潜僧绿筠轩》一诗，颇以为然。因为该诗云："可使食无肉，不可使居无竹。无肉令人瘦，无竹令人俗。人瘦尚可肥，俗士不可医。旁人笑此言，似高还似痴。若对此君仍大嚼，世间那有扬州鹤。"毕竟，反对笋与肉同烧，正是士人的清雅，绝不可为嘴馋故，破坏其高风亮节。

而生平无肉不欢的白居易，每食肥猪肉，必连尽三碗，同僚们见状，戏称他为"白肥肉"。如此好肉之人，对笋亦难忘怀，曾写《食笋》一诗，诗云："置之炊甄中，与饭同时熟。紫箨坼故锦，素肌擘新玉。每日遂加餐，经时不思肉。久为京洛客，此味常不足。且食勿踟蹰，南风吹作竹。"认为笋饭之味鲜美，可促进食欲，久而久之，肉也不想吃了。只是居住北方，不能常享此味，听其言下之意，似乎甚有感慨。

我何其有幸啊！竟能比附先贤，尝过"傍林鲜"和笋烧饭，可惜非绿竹笋，滋味打些折扣，不然就更完美了。不过，台湾的麻竹笋，其笋可当蔬菜，其竹则供建材，亦能充作家具，早期移民来台，由于实用性高，备受他们青睐，广泛种植于全岛，成为最大宗的竹子。其笋贵在新鲜，如果能在产地，将刚采摘鲜笋立刻烹煮食用，必是有滋有味。唐代药学家孙思邈《千金食治》载："竹笋。味甘、微寒、无毒。主消渴，利水道，益气力，可久食……"而今血糖上升，适合常吃竹笋，想起当年口福，还是常在我心，盼有机会重来。

绿竹笋质美味甘

一代国画大师张大千，嗜食台湾产的绿竹笋，认为其是竹笋中的尤物，无与伦比。而今时令来到仲夏，正是绿竹笋的旺季，趁此际大啖一番，才真是无上口福。

台湾的绿竹笋，以观音山所产，最负盛名，妇孺皆知。依其产期，可分春笋、夏笋和秋笋。春笋通常于五一劳动节应市，物少价昂；夏笋的旺季在端午节，质佳价平；临去秋波的秋笋，则在中元节前后，虽近尾声，不掩其美，但逢麻竹笋风华正茂，终究已非主流地位。

新北市的绿竹笋，其产量及质量，均冠于全台。而位于观音山南麓的五股区，更首屈一指。其所以蓬勃崛起，竟肇始于海水倒灌。约在半世纪前，当地经常淹水，耕作收成有限，乃朝山坡地区，全力种植绿竹，由于风土得宜，居然广种丰收。

加上临近台北，人口众多，销路不成问题；且酷暑甚难熬，清爽而甜的它，极对人们胃口；何况其低卡路里，乃减肥者的最爱。于是乎天时、地利、人和俱备，造就了此一绿竹笋王国。

其他地方的绿竹笋，笋尖呈墨绿色，笋身长直，笋箨较厚，笋肉偏黄，纤维则粗。然而，观音山所产的，笋尖为淡绿或鹅黄，笋头大，笋身短而弯，其状如牛角，号称"牛角笋"，外观易分辨，口感亦有别。后者鲜甘脆嫩，入口无渣，不逊水梨。生食固佳，熟食更美。光是滚锅一煮，汤汁浓醇似乳，其滋味之美妙，实在难与君说。

清代大食家李渔，深知笋汤之美，曾说："庖人之善治具者，凡有焯笋之汤，悉留不去。每作一馔，必以和之，食者但知他物之鲜，而不知有所以鲜之者在也。"是以不论笋是否去壳，煮过之汤，绝不轻弃。观音山之绿竹笋，尤其如此。

一般而言，绿竹笋又分早笋、水笋。一大早摸黑上山，采后卖到早市，外观尚带土的，就是"早笋"，其价最俏。而下午再收集，以山泉水浸泡，经分级后，隔早才上市者，即是"水笋"，价格略逊，但其中不乏佳品。

真正影响售价者，仍在笋本身质量。矮胖驼背列首选，高挑苗条每殿后。至于皮绿心空味苦者，当然乏人问津。笋农弃之可惜，通常自家食用。

绿竹笋极耐煮，热吃诚然不错，放凉而食更佳。值此炎炎夏日，在放冷后，置入冰箱，要吃随拿，切块装盘，不亦快哉！就我个人而言，偏好直接食用，凉沁心脾，大呼过瘾。偶尔和李渔一样，"略加酱油"，亦能领略其美。最怕加美乃滋，望之不太搭调，食之挺不协调，这种状况，有如羊羔，味道虽美，但是难调众口。

犹记得张大千在1981年时，曾在家中宴请张群和张学良夫妇等人，其手写的菜单中，便有一道"绍酒爝笋"。此味经"极品轩"掌柜陈力荣诠释，选用上好绿竹笋（冬季改用冬笋），取其细嫩部分，先炸，沥油备用，加酱油、酱油膏、绍兴酒等调料大火滚煮后，再转小火爝透，捞出淋汁即成。成品脆中带嫩，众味交融，层次极美。我品享已不下十次，每受用一回，即有新体验，颇乐在其中。

菇馔奇品烧南北

早在四十年前，首度去俗称"山西馆"的"山西餐厅"用餐，当时和北方菜有缘，先后去过十来次，吃了不少好菜。其中有一素菜，名字甚为有趣，竟叫作"烧南北"，品尝了好几次，食材平凡简单，却很耐人寻味，摆盘也挺耐看，适合下饭佐酒，堪称物有所值。

这个寻常素馔，在蕈菇方面，用香菇及鲜蘑。香菇为干制品，先用温水泡软，去蒂对切成半，留下浸汁备用。鲜蘑在冲净后，切除根茎留伞。

接着炒锅入油烧热，爆香姜末，即放入香菇、鲜蘑翻炒数下，再倒入香菇浸汁、酱油、盐同烧，可斟酌放点味精，俟汤汁收干之际，以太白粉水勾芡，务使香菇、蘑菇二者，均沾裹一层薄芡，即可盛起供食。而在摆盘时，香菇居正中，蘑菇环其侧，成一圆圈状。临吃前,再滴星点麻油,尤能润色增香,胃口随之而开。

香菇也叫香蕈,它有特异香气,且经烤制而成的干香菇,香味尤为隽永,比起鲜品来,另有一番风味与神韵。

中国是最早食用香菇的国家。南宋陈仁玉的《菌谱》中已有记载,称合蕈(今之香菇)"质外褐色,肌理玉洁,芳香韵味发釜鬲,闻百步外。盖菌多种,例柔美,皆无香,独合蕈香与味称,虽灵芝、天花(即鲍鱼菇)无是也"。陈乃台州仙居人,当地盛产食用蕈,他经过长期的观察研究,撰写《菌谱》一书,书中对故乡所产菌类的生长、形态、色味以及采收等,都有详尽的记载。

人工栽培香蕈,从施种到收获,约需三到四年,冬天开始种植。一年而生小蕈;二年而木上挂满薄蕈;到第三年,如天气转暖,则成为厚菇,如天候久晴,便形成花菇。

香蕈以冬季所采摘者,蕈肉最厚,折纹紧密,边缘内卷,市面称为冬菇,味甚鲜美,价格不菲,此即厚菇。而在冬菇中,又以花菇质量最佳,其色泽光鲜,内层折纹甚密,外表有龟裂状的花纹,菇柄粗短而柔软,以产于广东南雄的最美,播誉大江南北。

香蕈以香气出名,另有一种气较不香而滋味尤美之蕈,名曰蘑菇,色白,形如纽扣,颗粒较小,伞盖不张,盛产于内蒙古及河北草原，以张家口产者名气极响，又称为口蘑。

大抵而言，口蘑为塞外野生蘑菇的统称，其尤上乘者为"白蘑"，菌盖浑圆洁白，肉质细密，香气馥郁，肥嫩鲜美。它一般分成"庙中""庙大""庙丁"三种。此庙是指位于内蒙古锡林郭勒盟的贝子庙，"庙丁"乃其上上品。次于白蘑的，则是亦名"虎皮口蘑"的"香杏口蘑"，菌盖略带黄色，其肉质及滋味，允称为一绝。

张家口口蘑的加工甚久，早在明代即有作坊，远销国内外各地。早年两岸音讯不通，店家即通过港、澳，或取道国外，由欧、美取得，其"烧南北"能出类拔萃，食材质量不错，当为主要原因。

其香菇用厚菇，个头没特别大，香气甚浓烈，鲜蘑或许是罐头货，后来用洋菇替代。不过，香菇耐嚼香醇，鲜蘑清新脆嫩，两者同纳一盘，算得上是绝配。

菌中明珠白木耳

　　在台湾的餐馆中，香港食家蔡澜，最爱"三分俗气"，特别撰文推荐，名扬港、澳等地。该店有道甜点，名叫"冰糖银耳"，由于选料极精，必用云南上品，加上炖煮极烂，一旦冰镇之后，细腻柔滑味透，盛在白瓷碗内，常"二犹以为不足"，必连尽三碗方休，其诱人有如此。可惜近年以来，由于制作费时，加上好货难寻，不再供应尤物，令我扼腕而叹。

　　银耳即白木耳，因其色白如银，状似人耳，故谓银耳。它为银耳科银耳属真菌的子实体，其状晶莹透白，亦有雪耳之誉。民国之前，必从野外采集，数量相当有限，乃稀有的珍品，以四川的通江银耳和福建漳州雪耳，最为世所称，其价格甚高，非一般人所能问津。

　　近百年以来，经深入研究，掌握其生态，经人工驯化，培育出新品。个头大且体轻，杂质少而无斑，一经浸泡，个大如碗，洁白晶莹，胜似雪白的牡丹花，价钱比较平民，可以经常享用。

银耳既可鲜烹，也能进行干制。而在选购上，干品以色泽白（指蒂头白、白中呈微黄）、肉肥厚、有光泽、胶汁重、形圆整、松且大、底板小为优。一经浸泡后，比起原个头，重达三十倍者，最为理想。如果肉薄，朵形大小不一，带有斑点，底板偏大，质量较差，则务须注意。

银耳入馔，多做羹汤，咸甜均可，品类很多。"冰糖银耳"一味，最为人们熟知。其制法不难，以冰糖和银耳各半，置砂锅中，添适量水，用文火炖，成烂糊状，所谓"火候足时它自美"，味甜香浓。如冰镇后，腴滑柔腻，尤耐寻味。当成补品，沁人心脾。

源自西安的"枸杞炖银耳"，常出现于甜品铺中，港、澳较为常见，台湾亦会现踪，夏日冻饮，冬则热服，颇受欢迎。它是以银耳、枸杞、冰糖、蛋清等一起炖制，香甜可口，红白相间，相映成趣。有些业者会另加红枣，外观更为亮丽，但恐红紫夺朱。

"谭家菜"在中国近、现代史中，堪称官府菜最重要的一支，正申请列入联合国世界遗产中。其主人谭瑑青，官宦世家子弟，精于饮食品鉴，夫人皆善烹饪，赵荔凤尤知名，灶上功夫了得，驰誉大江南北。她有一道素菜，出自慧心巧手，名为"银耳素烩"。

它是用野生银耳为主食材，而以发菜、胡萝卜、莴笋、鲜磨为配料，经蒸、焯、煮等工序，最后勾芡制成。其特点在于食材有红绿黄白黑五色，呈现五彩缤纷，除清淡鲜美外，并可爽口解腻。

在制作此菜时，造型极为重要，发菜揉成算珠状，莴笋及小红萝卜，均切成蘑菇状，整齐排列在银耳周围，将清汤勾薄芡，均匀浇上即成。如果没有蘑菇，改用小的香菇，一样可以展现。

银耳的功用甚多，对补肺虚、止咯血、润肌肤、治便秘等，有其补益。经常食用，功效自见。

诚意十足长寿菜

"长寿菜"又名烧香菇，为明代的宫廷名菜。切莫视今日常吃的香菇为等闲，它曾是食用菌类的上上品，素有"菌中皇后"之称，向为素菜之冠。早在宋朝《山家清供》一书中，即可看出其端倪。到了元代时，王祯的《农书》里，更记载它的具体种植方法，并言及"新采趁生煮食，香美，晒干则为干香蕈"，因而号称"香蕈"，亦名香菇。

据浙江《庆元县志》记载，李师颐在《改良段木种菰术》[1]一则中，表示据诸父老相传，龙泉、景宁、庆元三县种菇，始于元末清初。明太祖奠都金陵，因祈雨茹素，苦无下箸物，刘基以菇进献，太祖嗜之喜甚，谕令每岁置备若干，列为贡品，

1　该书于 1939 年由中国农业书局出版，"菰"旧同"菇"。

此为香菇列为贡品之始。

刘基字伯温，浙江青田人，元末进士，有廉直声，明太祖登基，以功封诚意伯。文章"气昌而奇"，允为一代文宗。当明代建都金陵（今南京）不久，正遇大旱，灾情严重。明太祖朱元璋为了祈佛求雨，誓与百姓同甘共苦，带头斋戒数月，胃口越来越差。刘伯温从龙泉返回京城，带上家乡特产的香菇，浸泡之后，烧制成菜，献给皇帝品尝。皇上尚未送口，即闻阵阵香气，举筷食罢，软熟适口，鲜美异常，特赐名"长寿菜"，使之成为宫廷佳肴，四时享用不辍，留下一段佳话。

基本上，中国是最早食用及栽培香菇的国家。香菇分别于春、秋、冬三季栽种，生长在麻栎、赤杨、毛榉、枫香等两百多种阔叶树种的段木上，其中又以檀香树上所产者香气最浓，乃不可多得的珍品。

香菇按其品质，可分为花菇、厚菇、薄菇及菇丁。花菇之菌盖，呈菊花瓣状色纹，形圆整，边缘内卷，菌伞肥厚，质鲜嫩，香气足，以霜雪后久晴所产者为上品，一称北菇。其经烤制而成的干香菇，醇厚香郁，风味比鲜品更加隽永。早年从日本进口的大花菇，一度成为最佳的伴手礼。

至于台湾的香菇，则以桃园市复兴区角板山所产的，品质特佳，播誉四方。此地在栽培之时，使用的香菇原木，主要为金刚树、松香木，加上气候适宜，因而一枝独秀，香、嫩、甜、脆俱全。大致分柴菇、包仔菇二种。前者柄瘦，奇形怪状；后者柄粗，生产快速，在风味上，则逊柴菇一筹。

在烹调运用时，由于它是素食的名贵食材，主要用于配制高级荤菜，以及制汤、冷拼，亦常出现于食疗菜肴。

香菇既可作主料单烹，又能充辅料配用，适用于卤、拌、炒、烹、煎、炸、烧、炖和扒等多种烹调方法。其最有名的素菜有"半月沉江""香菇银杏""栗子冬菇""清炖冬菇汤""香菇菜花""卤花菇""烩双冬（指冬菇、冬笋）"等。我尤爱食后者，此菜以前为台北江浙馆子的高档菜，先将花菇或厚菇浸软发透，必须用小火焖煮，使其吸足汤汁，再加冬笋同烧，除软熟适口外，滋鲜味美极香。

至于涨发完干香菇的汁液，乃调味与制汤的佳品，不可轻弃。又，新鲜的香菇，经炒或炸后，鲜甜脆香，挺有嚼感，与冬笋合炒的"炒二冬"，尤为节令名菜。而以鲜香菇置于火锅内，特别生香鲜爽，但此菇至少得要厚菇，才能品尝出好味道，如果用薄菇或菇丁，那就大为失色了。

菌酱油鲜美绝伦

2015年冬，宿于苏州南园，而且是古迹蔡贞坊七号（又称丽夕阁、七号楼）的二楼，此房间改建自蒋纬国青少年时的书房，几乎保留原貌，采用现代化设施，古典中又便利。连住两晚，流连园中，真乐事也。

南园对面的"同得兴面馆"，其"枫镇白汤面"大享盛名，我于次日中午慕名往尝，没想到刚关灶，扑空而返，离去前清晨，气温仅五度，我七点即到，店内没客人，吃到头汤面。点的是当令的松菌面，汤以松菌熬制，菌则于油焖后，切片列小碟内，望之甚为清雅；细面如银梳状，置于白汤之上，格调滋味俱优。食罢两颊生津，顿觉通体舒泰，真是个美好早晨，一直回味至今。

然而，这种当令鲜食的松菌，平日难以品享，但它可制菌油，或称为松菌油。滋味极鲜极甘，不但可以拌面，甚至可供烹调，化寻常为珍奇。

此一产自宜兴山间松林的鲜菌，因季节而异其名，产于春日者，俗称"茅柴菌"，又叫"桃花菌"；产于秋日者，则称"雁来菌"。制作甚为讲究，一丝马虎不得。先去其根，以水洗净，用酱油（须极品的三伏秋油）以文火熬之，煮半熟时，多添酱油及老姜数片，而所不能少的，为灯心草一束，目的在去其毒。而在熬毕时，以瓷器存储，并封严瓶口，自食饷客两相宜，如果收到此一尤物，自然是无上的口福。

艺坛名家许姬传，担任过梅兰芳的秘书，两家关系极深，时有酬酢往来。他本身是宜兴人，由于祖母朱太夫人、母亲徐玉辉及四婶母任杏元也是宜兴人，皆精于烹饪，是以其家常菜，全有着宜兴风味；日后汲取各地风味，形成独树一帜的"许家菜"。许老表示，每到春末深秋，家中就有这一特制菌油，"蘸白切肴馔，确是极佳，假如烧豆腐，亦不逊于'熘蟹糊'[1]也"。

许氏忆及他家所熬制的菌油，是他所吃各式松菌中，最鲜嫩的一种。在吃完阳澄湖螃蟹后，用菌油下碗面，滋味足以匹敌，其绝佳的味道，由此可见一斑。

其实，比起宜兴的松树菌来，江苏常熟所产的，也毫不逊色。这种生长在松树林中，形状似伞的高等菌类，盛产于虞山

---

1 此菜一名"赛螃蟹"，乃许府名菜。

之岭，当地遍植松林，菌产量可观，其质量特佳，每制成菌油，南货店有售，却极为抢手。吾家亦嗜此，据家父口述，用它佐粥、炖豆腐及拌熟面条，风味至佳；如再加鲜菌一起烩去骨鸭掌，则为家乡高档宴席中的大菜，自是非常名贵。

常熟虞山下的"王四酒家"（店主名王祖康，排行第四，人称王四），因诗人易君左题诗而远近驰名，诗云："江山最爱是才人，心自能空尚有亭。王四酒家风味好，黄鸡白酒嫩菠青。"店家向以"山肴野蔌"著称，松树菌即为野蔌之一种。先将松菌撕去膜衣，洗净泥杂，放入开水中焯烫，沥干水分，置菜油于锅中爆透，加些菌油及佐料，俟起锅后，再淋些熟菜油即成。

此菜菌鲜美、油清香、味绝伦，集三美于一盘中，饕客们接踵尝鲜，誉之为"菜中之王"。

为止瘿瘤出奇招

　　林森这个人有意思，他是福建闽侯人。清光绪十三年（1887），曾赴台湾求学，考入电报学堂，后加入同盟会。民国肇建，历任要职，自1931年起，出任国民政府主席，为人淡泊，为政清廉，平生雅好古董字画，且立遗嘱捐赠博物馆，备受时人敬仰。

　　某日，有位朋友对他说："你收藏的古玩，应有些是赝品吧！"他则微笑回应："反正再过几百年，就会变成真的'古董'了。"诙谐以对，高人一等。

　　八年全面抗战时，他居住重庆，由于少海产，见人得瘿瘤，皆束手无策。幸好当时的大后方，与上海、香港等地，尚可通平信，但邮包则不通。遂心生一计，特地写信给沿海朋友，请他们将紫菜夹入信封内，再分批寄出，竟一一收到。于是大家如法炮制，在夹带成功后，救治了不少人。这招瞒天过海，和他搜集古玩，或恐异曲同工。

紫菜为海藻类植物，原为青色或红色，晒干之后，其色变紫，故称紫菜。它的叶子很大，生长于浅海岩石之上，像是石衣，其薄如纸，渔民折叠为饼，可以久藏不坏。它富于营养，味更鲜美，乃上等海菜。中国所产者，以福建之福清、浙江宁波之姜山，以及镇海之招宝山为上品，但产量有限。日本、韩国之沿海，则有大量出产。制成之紫菜衣，常用来包饭或做寿司，制作简便，拈起送口，清爽宜人。

紫菜含碘甚丰，可以经常食用，但是不可多吃，食多令人消瘦。它的医疗作用，据元代名医朱丹溪云，凡瘿结积块之疾，宜常食紫菜。《食疗本草》一书，则记载着，若热气塞咽喉，可煮汁饮之。

所谓瘿瘤，即近时之甲状腺肿，有"大脖子""粗脖根"等叫法，乃体内缺乏碘质之故，古名"气瘿"。旧时在云南、贵州等省，患者极多，皆因所食之盐，缺乏碘质所致。紫菜吃多以后，自可不药而愈。另，紫菜和海带，均能防止血管硬化，此即古人所谓的"咸能攻坚"。惟据近世研究，均为含碘丰富之故。盖碘为变质剂，能分解人体各种硬组织，使之软化，无论淋巴、血管皆然。经查血管硬化，为高血压原因之一，故它间接亦能治疗一些高血压患者。

清代名医王孟英认为,性质甘凉的紫菜,除治瘿瘤、脚气外,尚可"和气养心、清烦涤虑,治不寐,利咽喉"及开胃,好处真是不少,同时物美价廉。

　　话说回来,由于紫菜具备质嫩味鲜、易溶于水的特点,尤宜做汤。最平常的,莫过于紫菜蛋花汤,想吃豪华些的,可烧成"五色紫菜汤"。其搭配之物,分别是香菇、玉兰片、豌豆苗和胡萝卜,调以高汤、精盐及胡椒粉,再浇淋若干麻油即成。成品五色兼备,质地鲜嫩,既赏心悦目,又馨香味醇,实为汤中隽品,甚宜夏日食用。

轻身妙品有琼脂

现代人四体不勤，又老是想轻身延年，于是各类型食品，觑准其庞大商机，莫不号称可减肥，而且无副作用，以吸引众多消费者。其中有个叫"寒天"的，由东瀛引进后，因为大打广告，知名度遂暴增，本以为是新品，等到知其原委，居然就是琼脂，本少利溥，财源广进。

琼脂是一种植物胶类佐助烹饪食材，又称石华或石花菜胶、鸡脚菜。取自海中砂石间之隐花植物，纤细分枝，高四五寸。其品非一，有红藻门石花菜，或江蓠、麒麟菜等藻类。古法在夏令以醋炒过，加水煮溶，冷却之后，状如胶冻，然后食之。当下台湾如北关、大溪、大里等处，常见叫卖此物，称石花膏或石花冻。如果进一步加工，经煮提取胶质，再经冻结、脱水干燥，即可制成此品。其主要之成分，为多聚半乳糖的硫酸酯。

其在日本名心太、凝海藻或天草，常用来当细菌学家培养细菌之基质，特称"寒天培养基"，不在其内加醋，极易感染菌类。

另，琼脂的成品，名堂可多啦！有条状、片状、块状及粒状等。其条状者，古称素燕窝，又叫冻粉、洋粉、凉粉、洋菜、海菜、大菜；其他形状者，则称橘胶、冻脂、琼胶。由于积非成是，大陆不少地方，早已二者混称。海峡两岸均产，以质地柔韧，色泽光亮，干燥体轻，洁白无异味、无杂质者为佳。

以海藻制胶，早在明代时，《本草纲目》即谓："（石花菜、麒麟菜）二物久浸，皆化成胶冻也。"清代已有琼脂制成的食品，如《随园食单》之"石花糕"，以及《本草纲目拾遗》引《月湖笔薮》之"素燕窝"等均是。而在烹调运用时，将条状者先洗净，经切段后，可以拌作凉菜，且与豆干丝等料配用，食来柔脆，细腴适口。它更多的时候，每充作甜菜、甜点或果冻，如桂花冻等；而常吃的羊羹、杏仁脑及布丁，其胶状冻成分，全得自于琼脂，运用相当广泛。

此外，在食用琼脂之再制品时，它的分身可就多着呢！像果酱、糖果的凝胶剂，冰淇淋、棒冰的固定剂，啤酒和葡萄酒的澄清剂等，皆非此物不可。我的朋友叶君，在夏焰高涨时，常会运用琼脂，制成水果冻、茶冻、咖啡冻和奶冻等去暑，技艺熟练精准，甚受大家欢迎。我曾看他施为，有次做菠萝冻，但见菠萝先行切片，接着将它放入容器。取出适量琼脂，加开水和白糖，经熬化成汁后，再倒进容器中，等到完全冷却，置于冰箱冻凝，就算大功告成，可以取出供食。

琼脂除含碳水化合物外，亦合碘、钾、钠、钙、镁及其他微量元素。它能化痰结，并清肺、胃虚火。凡外痔红肿不能行走，食之应能止痛消肿。又，琼脂尚有降血脂的作用，对动脉硬化及患高血压者，有改善之功。

但是任何食物，有益亦必有弊。由于琼脂性寒，孕妇及大便溏薄、身体虚弱、消化不良者，务必谨慎食用。以免未蒙其利，身体反受其害。

素馔宴饮有可观——菜品羹汤

山家三脆素三鲜

在我的老家，有一道"素三鲜"，此菜极脆爽，食之颇有味，妈妈常制作，每乐在其中。近人伍稼青的《武进食单》便记载着，将冬笋（亦可用绿竹笋、毛竹笋）及香菇切丝，与剁碎之雪里蕻先后煸好，再加酱油、盐、糖等佐料拌和起锅，名曰"素三鲜"。

这一素菜流传极广，不知它起源于何时、何地。唯在南宋之时，便有类似美味，名叫"山家三脆"，用料大致相同，亦有无穷滋味，载于林洪所著的《山家清供》中。

书里写道："嫩笋、小蕈、枸杞头，入盐汤焯熟，同香熟油、胡椒、盐各少许，酱油、滴醋拌食。赵竹溪（密夫）酷嗜此。或作汤饼以奉亲，名'三脆面'。尝有诗云：笋蕈初萌杞采纤，燃松自煮供亲严。人间玉食何曾鄙，自是山林滋味甜（蕈，亦名菰）。"

文中的蕈，指的是菌类。今通称为菇。基本上，蕈的气味甘寒，古人认为"其味隽永，有蕈延之意"，因而得名。早在宋代之时，食菌十分普遍，当时家住浙江仙居的陈仁玉，便撰写了《菌谱》，介绍当地的菌，已多达十余种。但有的菌有毒，误食可能致命，欲辨别有毒否，明人汪颖在《食物本草》一书里，提供了一个方法，此即"凡煮菌投以姜屑饭粒，若色黑者，杀人，否则无毒"。而今民智大开，已有数据可稽，甚至上网可查，似乎不必费劲，就能得知结果。

枸杞挺有意思。宋人寇宗奭《本草衍义》载："今人多用其子，直为补肾药。"明人李时珍在《本草纲目》中，讲得更为明确，指出："枸、杞二树名。此物棘如枸之刺，茎如杞之条，故兼名之。"其味甘平，美如葡萄。"久服，坚筋骨，轻身不老，耐寒暑。"因此，道、释之徒，每用它作为长寿补品。其实，枸杞头（藤上的嫩叶）是很棒的菜蔬，有平肝、清肺的妙用，只是味苦性寒，故炒食茎、叶时，必须加点白糖，以解其微带的苦味。

至于汤饼，就是汤面。据宋朝《青箱杂记》载，汤饼，温面也，凡以面为食煮之，皆谓之汤饼。因此，这个用嫩笋、小菌及枸杞头制作的汤面，配料都以甘甜香脆著称，故雅名为"三脆面"。山村乡野之人，认为其可与人间至美的玉食媲美，故用以供奉父母长辈，借以表示孝心。

又，嗜食"山家三脆"的赵密夫，号竹溪，是宋皇室后裔，其先祖赵廷美，乃宋太祖赵匡胤的四弟，被封为魏王。密夫曾中进士，生活尚称优裕，亦爱舞刀弄铲，制作"山家三脆"，或凉拌为冷盘，或下面成浇头，不愧清真雅士。

嫩笋、小蕈、枸杞头，皆为春季的时令佳蔬，着眼新鲜爽脆，带有春天气息。如在炎炎夏日，则可换个法儿，做成不同素面，其上面的浇头，也可多多益善，不仅增加风味，同时更富营养。像家乡的"素三鲜"，家母在制作时，常会酌添毛豆，偶尔加些金针（黄花菜），甚至把切丝的香菇，改成黑木耳。戏法人人会变，巧妙各有不同。只要不断实践，并发挥想象力，餐桌上的食物，或恐变化万千。

五彩缤纷素什锦

在久远的年代，中国有些地区，尤其是在山东，过年才吃的菜，统称为"年菜"。其中有道素菜，由于备办麻烦，平时并不制作，必须等到过年，才会大量烧制。北方因为天寒，在做好了以后，放上几天不坏，人们饱食荤腥，总想换换口味，结果此菜变成宠儿，成为应景隽品，其美妙的滋味，令人难以忘怀。

"素什锦"就是这么一道大杂烩，后来通行大江南北，各有其特色，也有其绝活，纵横交错下，璀璨又一年。台湾真是个宝岛，已集合各省之长，发挥得淋漓尽致。光就食材而言，可谓包罗万有，取其十样八样，全部切得极细，一些讲究人家，再依各料性质，一一分别炒之，都炒到干而熟，接着混合为一，略加推炒即成。因为挺费功夫，平日无暇制作，只有在过年时，全家整个动员，才有口福一啖。

国人重视口彩，过年时更如此。事事如意，即为其中之一。如意这个饰品，素为吉祥象征，长得最像它的，莫过于黄豆芽。因而"素什锦"中，总少不得此味，一般都会加它，讨个吉祥如意。

如果以黄豆芽为主料，亦可当成新年佳肴。早在一甲子前即在《台湾新生报》撰写食谱的静好夫人，后来发行《家常食谱》一书，在首则的"年菜"中，第一个便是"如意菜"。在黄豆芽中，再加入金针菜、木耳、笋片和青菜心等同煮，新春食此，象征着一年万事如意。此法也是什锦，但比起用炒的，相对来得简单，符合时下需求，而且随时可做，方便且图新鲜。

以写食谱闻名的，尚有女作家刘枋，她祖籍山东，在北平长大。约半世纪前，以烹饪闻名。所撰的《吃的艺术》里，有篇《如意菜—黄豆芽》，写道："炒黄豆芽，如果考究点，应该先把它放在干锅里，煸净了所含水分，然后再起油锅炒之，这样吃起来又香、又韧，如果加点辣椒同炒，再盐味重些，是十分下饭的。"显然吃多了年菜，用它当个过口菜，既能适口充肠，也是不错良法。

刘枋又说，以黄豆芽拌粉丝，是个绝妙冷盘，过年荤腻过多，以此消积去油，可以振奋味蕾，胃口随之而开。

大概在十几年前，我品尝个"素什锦"，居然没有黄豆芽，却称作"开运年菜",甚奇!原来"冯记上海小馆"的冯老板,为了能出奇制胜,乃别出心裁,于选材和做法上,稍做些变化,以区隔市场。一经推出后,因五彩缤纷,且味道全面,遂大受欢迎。它用十种素料,成品花团锦簇,堪称老少咸宜,同时十分讨喜,号称"十全十美"。

这道年菜佳肴,其食材有青江菜、菜心、香菇(可用木耳替代)、笋片、板栗、红萝卜(切菱形块)、马铃薯(先炸至金黄)、白果及处理过的洋菜,佐以酱油、糖、盐等调味料。除洋菜外,其余以清水稍加焖煮,再经烩炒勾芡即成。起锅的"素什锦",先置于盘中,其中央留个洞,淋上一匙香油,最后摆上洋菜。造型古朴典雅,保持原汁原味,口感错落却协调,象征吉祥开运,谓之"十全十美",倒也名副其实。

总之,戏法人人会变,只要发挥创意,便能推陈出新,永远过个好年,亦在情理之中。

半月沉江引食兴

　　久慕"半月沉江"之名，老早便想一试。毕竟，能得名人加持的美味不少，但在素食界不多，而近一甲子以来，有此殊荣且闻名遐迩的，首推这一道菜。此次赴厦门大学演讲，学者朱家麟做东，设宴于南普陀寺素菜馆，邀闽菜大师童辉星指点，席中便有此菜，得偿平生夙愿，真是不亦乐乎！

　　福建省厦门市的名刹"南普陀寺"，位于五老峰脚下，据文学大家汪曾祺的描述，它"几乎是一座全新的庙。到处都是金碧辉煌。屋檐石柱、彩画油漆、香炉烛台、幡幢供果，都像是新的。佛像大概新装了金，锃亮锃亮"。不过，此寺庙虽然甚新，但附设有素菜馆，由于烹制的素菜，取名空灵典雅，佛门色彩浓郁，且色、香、形俱佳，遂成为举国知名的素菜馆，甚至与该寺齐名，吸引着无数游客来品尝、欣赏。

掌厨的大师傅，为自学成才、被誉为"素菜女状元"的刘宝治。她以选料严格、刀工讲究、烹制细巧、纯素无荤著称，而创制出的素菜，味鲜形美，凡上百种。这次所尝到的名品，有"丝雨菇云""香泥藏珍""椰风竹韵""南海金莲"等，但论名气之大及影响深远，必以"半月沉江"称尊。

1962年秋，著名的文史家郭沫若到了厦门，在饱览南普陀寺幽雅的景致后，品尝该寺斋菜。等到开席之后，寺院拿手好菜，遂一一上桌。其中的一道菜，半边香菇沉于碗底，犹如半月落江中，造型不俗，滋味别致，这引起郭老极大兴味，在品享完此珍馔后，不禁诗兴大发，即席赋诗一首。诗云："我从舟山来，普陀又普陀，天然林壑好，深憾题名多。半月沉江底，千峰入眼窝。三杯通大道，五老意如何？"以景入诗，琅琅成诵，举座欣然道妙，此即其赫赫有名的《游南普陀》。

正因题诗中有"半月沉江底，千峰入眼窝"之句，点出"半月沉江"的菜名，由是身价陡增，进而播誉中华。

这道菜的烧法特别，先把面筋烧成柱状，置于铁锅中，以花生油炸成赤色，捞出沥尽残油，浸沸水中泡软，切成圆片后，放入砂锅中，加香菇、当归、冬笋（可用春笋替代）等料及盐、水等，煮到面筋发软，即捞入汤碗内，拣去当归，倒汤于碗中。另取一个碗，碗壁抹花生油，将香菇码入碗，接着添笋及汤。最后取一小碗，置当归片和水。此两碗接着一并入笼蒸约二十分钟，取出，再把菇、笋二物，倒扣于汤碗中。此外，另取一只砂锅，倒入清汤，加些盐、水煮开，撒些芹菜珠等，滗入小碗中的当归汤调匀，然后起锅，浇入盛有蒸料的碗里即成。

此菜的做工繁复，具有汤汁鲜清、甘爽吐芳的特点，加上当归有活血补虚之效，实为一具有保健作用的典雅素肴。经常品享，功莫大焉。我食之极欣喜，但觉浑身有劲，且心花亦朵朵开。

席间，童大师谓："有人认为此菜扣于碗内，取名半月沉'潭'，似乎更确切点。"食客听其言后，感觉更深一层，中国字的奥妙，在于一字之改，往往尤为贴切，信然！

年菜隽品素什锦

　　早在几世纪前，每逢过年时节，家家备办年菜，好不丰盛热闹，饱啖荤腥之余，为了清爽适口，必准备素什锦。这菜大有名堂，堪称变化万千。北方称"炒咸什"，南方叫"十香菜"，又叫"八宝菜"。由于纯素无荤，平常较罕制作，过年却不可少，想来很有意思。

　　素什锦的食材，的确琳琅满目。举凡白萝卜、胡萝卜、黑木耳、黄花菜、豆腐皮、豆腐干、酱姜、酱瓜、冬菇、冬笋、榨菜、芹菜、面筋、腐竹等，无一不可入馔，且可任意搭配，或八样，或十样，甚至十二样，丰俭随人意，只要滋味好，其谁曰不宜？但有一样必不可少，那就是黄豆芽。它的形状像如意，故有"如意菜"之称。每逢新年时，为图好口彩，多吃如意菜，凡事求顺当。

制作素什锦时，诀窍在其刀工，各式各样食材，不仅要切得细，长短力求一致，才易翻转炒透；同时不加味精，酱油用浅色者，望之漂亮光鲜。谨记用素油炒，全炒到干而熟，再混着炒即成。菜冷后再吃时，可略加麻油拌，食来别有风味。

其实在过年期间，纯吃个炒黄豆芽，或吃"金钩挂玉牌"，虽较素什锦料简，但其精彩奥妙处，似乎亦不遑多让。这些皆是家常菜，手法却因人而异，而且都大有滋味。

文史大家唐振常，本身亦是个食家，对食文化研究得深。曾举炒黄豆芽之例，力辩川菜并非皆辣，指出："按我家通常之食……有的则明显可以加辣而不加辣者，如炒黄豆芽。"他是四川人，明白四川家庭都喜爱吃这一道，既廉价又可炒出美味。比方说，有位亲戚每饭必有此菜，"炒得极嫩，不加酱油而加盐，只在炒成后，浇上少许红油辣椒"；另一位乃"浓油重炒，豆芽已炒成干瘪状，调味品种极多，以红油辣椒为主，还需加芝麻酱，炒成后，汤汁竟及碗之半"。至于他母亲炒的黄豆芽，"则在两者之间，不浓不淡，略加醋，绝不加辣"，最宜佐饭。我生而有幸，三者皆尝过，脆爽有嚼头，食罢甚难忘。

而"金钩挂玉牌"说穿了，就是用切片的白豆腐或水豆腐（即豆花、豆腐脑）煮黄豆芽而已。制作甚简易，先放黄豆芽，再放豆腐片，只用清水煮，汤内加细盐。待其已煮熟，先食锅内料，接着再喝汤。蘸着酱汁吃，顿觉精神爽。

蘸料主要为糍粑辣椒，亦称煳辣椒，乃贵州传统并特有的烹饪调味品。其制法不难，先选妥肉厚而不太辣的干辣椒，在洗净、去蒂、浸泡后，把水滤干，接着与去皮的生姜、蒜粒，一起放擂钵内捣烂，然后用小火微炼，俟其冷却，即装瓶罐内备用，目前已有现成品。其特色为油色红亮、辣而不猛，香味浓郁，以此提味，有画龙点睛之妙。

　　此外，也能变个法儿，将红、白萝卜及竹笋、香菇切块，西芹切段，芥菜、大白菜、高丽菜剥片，一起投入食毕"金钩挂玉牌"的锅中，亦蘸着煳辣椒加酱油、醋等同享，也算是个另类的素什锦。

　　值此年假期间，将以上这些素什锦、炒黄豆芽等菜，或替换着吃，或一起荐餐，于去油除腻、涤净心灵外，也可玩玩花样，增添生活情趣。

美味素菜罗汉斋

　　中国人吃素的历史，可追溯到周代时，当时素食与斋戒已一体奉行了。而寺院开始吃全素，则始自梁武帝。笃信佛教的他，以大护法、大教主自居，严守一日一餐，曾下《断酒肉文》诏令。这些寺院在断酒肉后，素馔即应运而兴，并取得重大发展。

　　唐朝礼佛风气极盛，大小寺院林立，且均设有膳房（称"香积厨"），除自行料理伙食外，亦对香客供应素馔及素席。佛门并称之为"素斋"或"斋菜"。由于搭伙的人实在太多，寺院只好烧大锅菜应付，"罗汉斋"这道菜于焉产生。

　　"罗汉斋"又名"罗汉菜"，一般用料在十种左右，如多达十八种，则称"罗汉全斋"（亦即十八罗汉，一个不少）。因而历代人士在佛门设素席时，莫不备办此菜，以示隆重之意。

　　到了清朝，不光寺院有罗汉斋供应，民间甚至宫廷，亦经常制作，变得有点家常菜的味道。薛宝辰在《素食说略》中，便载有"罗汉斋"的用料和做法，很有参考价值。他说："罗汉菜，菜蔬瓜蓏之类，与豆腐、豆腐皮、面筋、粉条等，俱以香油炸过，加汤一锅同焖。甚有山家风味。"

至于宫廷内的"罗汉斋"，到底是怎么烧的？读者想必兴趣浓厚，这可从爱新觉罗·浩所著的《食在宫廷》一书内，找到答案及做法。

她说："在满族的习俗中，从新年的第一天至第五天都要吃素。这些素食大多是模仿寺院的斋食精制而成……罗汉斋即其一例。"

其做法为："（1）将白菜切成3厘米见方的块。（2）将胡萝卜和山药削去皮，分别切成长3厘米、宽1.2厘米的滚刀块。（3）将豆腐切成长3厘米、宽1.5厘米、厚6毫米的薄片。（4）用开水将口蘑浸泡20分钟，然后片成长3厘米、宽1.2厘米、厚6毫米的薄片。（5)用开水把腐皮浸泡20分钟，然后画成长3厘米、宽1.2厘米的薄片。（6）木耳用开水浸泡10分钟后，择洗干净。（7）将鲜姜切成末。（8）干黄花菜用开水浸泡30分钟后，每根切成两段。"

当这些前置工作完成后，"锅内倒入香油（450克），烧熟后将山药、胡萝卜和豆腐分别炸约3分钟捞出"。随即"在另一锅内放入酱油，烧热时投入姜末和白菜，稍炒后加入水（250

克），烧开后放入全部原料，加入适量盐，改用小火，煨 40 分钟左右。待白菜软烂而不碎时即可出锅供膳"。

享用此宫廷菜时，切记"趁热食之最美"，于万不得已情形下，凉后加热再食也可以，只是风味为之逊色！

我曾在粤菜馆中，品尝其"罗汉全斋"，它是用发菜、冬菇、冬笋、素鸡、鲜蘑、金针菇、木耳、熟栗、白果、花菜、胡萝卜等，在初步处理后，放在砂锅内，烩成一大锅，料鲜而丰富，真的很过瘾。吃法有两种，一放腐乳汁，一衬干荷叶，前者色颇艳，后者带清香，各有各的美，食之有别趣。

素馔亦可臻大同

　　"罗汉菜"和"罗汉斋"一样，均为寺院备办之菜，其后在宫廷及民间广为流行。两者之名虽异，其实大致相同。根据清人薛宝辰的讲法，"罗汉菜"古已有之，"甚有山家风味"，并引元代大书法家鲜于枢的诗句"童烹罗汉菜"，证明其源远流长，同时它不仅可以做菜，还可当成主食充饥，是年长者的恩物，长年食用，有益健康。

　　有则逸事深得我心。"罗汉菜"意即没有贵贱之分，大家都是罗汉，一视同仁。此一说法源自福建，相传清顺治三年，定光、伏虎二古佛在长汀"显灵"，汀州府八县的名山古刹，计有数百僧尼，闻讯云集汀城，乃在西门外罗汉岭的罗汉寺中，举行盛大庙会。寺僧用罗汉井水烹饪素菜，设宴款待他们。素席达数十桌，并特地烧一桌上馔，供十八位高僧食用。当高僧们巡视各席，发觉菜肴差别甚大，随即吩咐将主桌的上等素菜，搭配均分给各桌，让僧众共尝美味。姑不论此事真假，迄今当地的人们，一直津津乐道。

此菜谱保留于《长汀传统食品》一书中。其制作方式，大致是——芋头去毛皮，洗净，切成片；腐竹洗净水发，再切成三厘米长的条段；冬笋去壳切片；冬菇洗净水发；备齐各料待用，铁锅置花生油，烧至冒青烟时，先将切好成三角形的豆腐，炸至金黄色，捞起；接着把芋头片裹以地瓜粉，炸至金黄色，亦捞起待用；锅内随即倾入大量冷水，待水滚后，把芋头片、油豆腐、腐竹、面筋、冬菇、冬笋等料，一一入锅内煮，最后酌加黄花菜和些许细盐，借以增艳助鲜。

此菜花色多样，浓香四溢，味美鲜甘，确实不凡。

然而，这种大锅菜固美，用小钵烧亦佳，旨在发挥各料之长，纳众味于一锅，使其互逞佳味，达到君子"和而不同"的境界，堪称锅文化的代表。就在同一时期，这种山家风味，开始强调主味，追求特色鲜明，表现在素菜上，尤其是花果类，绽放新的风采。此法亦出自寺院，可谓锦上添花，臻盘文化的顶峰。

清人钱泳的《履园丛话》上记载："近人有以果子为菜者，其法始于僧尼家，颇有风味。如炒苹果、炒荸荠、炒藕丝、山药、栗片，以至油煎白果、酱炒核桃、盐水熬花生之类，不可枚举。又花叶亦可以为菜者，如胭脂叶、金雀花、韭菜花、菊花叶、玉兰瓣、荷花瓣、玫瑰花之类，愈出愈奇。"

其实，以上所举者，南宋林洪的《山家清供》一书，即记载了甚多，只是流行不广，清代始成风气，今则视为平常。但它与"罗汉菜"，两者并行不悖，可以"求同存异"，沛然莫之能御；而且同纳一桌，食客自择所好，营造融洽气氛，不也其乐融融！

2012 年秋，应邀至洛阳市的"真不同"饭店用餐。这里非比寻常。早年周恩来曾在此设宴，款待加拿大的特鲁多总理，共品"牡丹燕菜"，传为食林盛事。待我尝完其著名的"水席"后，随即在众目睽睽下，题写"同中寻异，异中求同，食界大同，真正不同"十六字。如以此置诸素馔内，当可放四海而皆准。

鼎湖上素尽善矣

若论起最高档的素菜来，曾两度列入满汉全席[1]中的"鼎湖上素"，肯定当之无愧。

这道菜的由来，一说是清朝初年，广东鼎湖山庆云寺的一位老和尚，为满足游山"贵客"的口腹之欲，挖空心思制成。一说则是清末该寺的庆云大师曾到广州六榕寺说法，当地信徒在位于西门的"西园酒家"设宴接待，并敬奉该酒家最拿手的"十八罗汉斋"。此菜在制作上，取用三菇（北菇、草菇、蘑菇）、六耳（雪耳、木耳、石耳、榆耳、桂花耳、黄耳）、发菜、竹荪、湘莲子、白果、佛手果、银针、笋肉、炸面筋等珍贵食材，

---

[1] 一为钟征祥《食在广州》所记"粤式满汉全席"，另一为北京"大三元酒家"满汉全席。

以麻油、酱料和黄酒调味，逐样以上汤煨透，再排列成十二层，层次分明，形状美观。庆云大师仔细品味，觉得原料虽好，味道却平平，不禁连说："惜乎，惜乎！"大厨闻知，忙打躬作揖，详询原委。大师遂露一手，提出用料大抵相同，但烹制细节有所变更的独到见解。大厨后依法炮制，遂做出味道更胜于昔的上好素菜，为了纪念这段奇缘，特命名为"鼎湖上素"。

20世纪20年代时，主政"西园"、绰号"八卦田"的大师傅，承袭传统技艺，尤其讲究食材，"鼎湖上素"被推向顶峰，成为宴席上的首席大菜，号称"素斋中最高上素"。

制作此菜时，先将焯过或处理过的榆耳、黄耳、鲜草菇、竹荪、鲜莲子、笋（笋刻成笋花）、白菌等一起入锅，用上素汤及调味品煨过。银耳、桂花耳另单独煨。再将炖或焯过的各料一起入锅，加调味品焖透，取出用净布吸去水分，取大汤碗一只，按白菌、香菇、竹荪、草菇、黄耳、鲜莲子、蘑菇、笋花、榆耳的次序，各取其一部分，从碗底部向上，依次分层（每一层摆一圆圈食材）排好，再将剩余各料，全部放入碗中填满。把碗扣在巨碟上，使之成层次分明有序的山形。然后以料酒、素上汤、麻油、白糖、酱油、湿马蹄粉等兑成芡汁，入锅烹起，随即把多量芡汁淋在碟中。末了，取桂花耳放在"山"的顶部正中，银耳放在腰围，菜心、炒熟掐菜（即截头去尾的绿豆芽）依次由里向外镶边，再将剩余芡汁，浇在桂花耳、银耳之上即成。

"鼎湖上素"以色彩典雅、层次分明、鲜嫩滑爽、清香适口，而为人所津津乐道。若要依式制作，必须用料实在，加上无比耐心，循序依序制作，不可丝毫马虎，不可半途而废，发挥各料之长，融汇而成绝味，只要坚持不苟，有如一心向善，保证大放异彩。

凉拌美味素拉皮

已故食家唐鲁孙，精研饮食、掌故等，人生阅历丰富，足迹遍及大江南北，且记忆力过人，凡所见闻，经久不忘，兼且文笔隽永，吸引广大读者，曾在食林中，领一时风骚。

他在《什锦拼盘》一书中写道："北平（今北京）人吃素菜，讲究到尼姑庙'三圣庵'去吃。庵里的素拉皮也是非常出名的，不但粉皮是自己做的，就连小磨麻油、青酱，高（粱）醋也都是庙里磨研酿造的……她们拌拉皮用焦炸面筋末，先把面筋喂好作料，用滚油炸焦压碎，用来拌粉皮，香脆温润兼而有之，可算素菜中隽品，也算拉皮里的别格。"这等精致拌菜，我迄今未尝过，曾经想方设法，一心如法炮制，可惜均未成功，或许关键在粉皮上。

原来曾经在台湾盛极一时的北方饭馆，起先全是自己做粉皮，务使温润细嫩，望之晶莹透明，而且削薄剁窄，筷子一挑送嘴，可以秃噜而下，真是适口充肠，同时沁人心脾。难怪好此道的，一直赞不绝口。只是到了后来，其所用的粉皮，都是用干粉皮泡制，因为泡得不均匀，而且时间拿不准，以致软硬不一，加上厚薄各异，甭想削薄剁窄，难以筷子挑起，更别提吸吮之乐了。

为免有混浊之气，出家人忌食葱蒜，尤有甚者，芥末亦在禁用之列。然而，民间的素拉皮，惯常使用芥末，就我个人而言，所尝过的每家，莫不如此，即使不是北方馆子，其在拌素拉皮时，亦以此一调料为之。之所以会如此，且听我说分明。

基本上，芥末为麻辣调味品类烹调原料，是用十字花科芸薹属一年生或两年生草本植物芥菜成熟的种子，经碾磨所制成的粉末状调料，以其味辣，故又称"芥辣粉"。早在周代时，王宫已使用，亦称为芥酱，迄今已逾两千年。芥菜原产中国，种子呈球状，多为黄颜色，现两岸均有栽培。

芥末是调制芥末味型的重要调料，其品种有淡黄、深黄和绿色之分，以含油多、辣度高、无异味、无霉变为佳。其在运用上，用温开水搅拌成糊状，在常温下经一到二小时焖制（即酶解），待发出强烈的辛辣气味后，即可使用。常见于凉拌菜肴及小吃，"芥末拌凉粉"（即素拉皮）、"芥末西芹"等，皆是著名的素馔，亦能用于面食，广泛运用于北方饭馆中。唯它富含油脂，必须注意防潮。

另有一种芥末油，亦以芥菜籽为原料，经浸泡、粉碎、调醋、水解、蒸馏，再加入热油中，是精炼而成的油脂。它和芥末粉一样，主要起提味、解腻、增进食欲等作用。

此外，中医认为，芥子味辛性热，具有通筋脉，消肿毒，温中开胃、发汗散寒、化痰利气的功效。适时适度适量，将有一定助益。

台湾而今仍吃得到好"素拉皮"的菜馆，应是台北的"天厨菜馆"。其制作上颇有特色，先将粉皮叠成长条，再切成宽条状；小黄瓜擦成细丝，卤好的豆干亦切成丝状；接着盘中整齐叠放粉条，上置黄瓜丝、豆干丝，移至冰箱冰凉。取出后，将之与已混合热水的芥末粉拌匀，并在上桌前，浇淋酱油、醋、高汤、麻油、芝麻酱调成的酱汁即成。

若论其奥妙处，则在辛香悦胃，纵百吃亦不厌。

佛家名食腊八粥

　　老北京有个童谣，描绘具体而生动，一起首就是"小孩儿小孩儿你别馋，过了腊八就是年。腊八儿粥喝几天，哩哩啦啦二十三"。那么腊八（农历十二月初八）为何要喝粥呢？这可是有段古的，而且还源远流长。

　　农历十二月，年关已近了，而初八那天，依佛门习俗，一定要喝粥，故腊八粥又称"佛粥"。据传释迦牟尼当天成佛，且在得道前，曾受牧羊女供养"乳糜"，于是后人遂于当天喝粥纪念。此最早见诸文字者，乃北宋孟元老的《东京梦华录》，书上写道："诸大寺作浴佛会，并送七宝五味粥与门徒，谓之'腊八粥'。都（指河南汴京）人是日各家，亦以果子杂料煮粥而食也。"

　　另，南宋周密《武林旧事》更进一步记载，十二月"八日，则寺院及人家用胡桃、松子、乳蕈、柿栗之类作粥，谓之'腊八粥'。"可见在两宋时期，人们在腊月初八食粥，已相沿成风，并留传至今。

到了元代，正式以腊月初八日为腊八，并在这一天煮"腊八粥"供佛饭僧，且从宫廷到民间，莫不如此。熊梦祥的《析津志辑佚》即云："是月八日，禅家谓之腊八日。煮红糟粥，以供佛饭僧。都中官员、士庶作朱砂粥。传闻，禁中一如故事。"而此故事，乃孙国敉《燕都游览志》所谓的"十二月八日，赐百官粥……以果米杂成之，品多者为胜"。至于在粥内加红糟及朱砂，于色泽艳丽之外，尤重视食疗效果。

明宫廷的"腊八粥"，制作更为精巧，如刘若愚《酌中志》指出："初八日，吃腊八粥。先期数日，将红枣捶破泡汤。至初八早，加粳米、白果、核桃仁、栗子、菱米煮粥，供佛圣前……举家皆吃，或亦互相馈送，夸精美也。"至于改成去核红枣，妙在保留其色美艳，尤重食疗价值。

在清代，"腊八粥"有了进一步的发展，甚至攀至顶峰。这个佛门佳味，原本至清且素，但流传到民间，在一般家庭中，渐失佛教意义，成为节日食品，富有生活情趣。但它在宫廷中，仍具宗教意义，且含政治意义。因而《京都风俗志》便说："黄衣寺僧，亦多作粥。"后来成为定制，"腊八粥"归由驻锡雍和宫的喇嘛熬制。喇嘛就是黄衣寺僧。而且《燕京岁时记》更云：

"雍和宫喇嘛于初八日夜内熬粥供佛,特派大臣监视,以昭诚敬。其粥锅之大,可容数石米。"

诸君试思,当年许多喇嘛,在准备果料后,围着那可容数石米的大铜锅,彼时没有电灯,由油灯盏照耀,忙乱下熬着粥,而戴朝珠、大红顶子、海龙暖帽的大臣,在旁隆重监视熬粥,这是何等景象?如以今日观点,委实不可思议,更带着十足的神秘感。

此外,《光绪顺天府志》亦载有"腊八粥",一名"八宝粥","其粥用粳米杂果品和糖而熬,民间每家煮之,或相馈遗"。此习俗台湾早年亦有,已故超级厨娘王宣一生前,于每年腊月初八日,必熬一大锅此粥,除自用之外,亦分赠亲友。料繁味厚,火候精准,确为美味。我因缘际会,有机会尝此,口福真不浅。自她香消玉殒,无法再尝此味,寒冬思及故人,不亦痛哉!

天竺酥酡玉糁羹

　　或许体热关系，酷嗜寒凉食物，即使隆冬时节，或是春寒料峭，就我个人而言，特爱萝卜一味，不论凉拌、煮汤，都吃得津津有味。当然啦！凉拌以切丝为佳，品其脆爽有韵；如果切块煮汤，必以烂熟为度，望之晶莹剔透，着齿有如碎玉，食之欢欣鼓舞，非过瘾不罢休。

　　萝卜属十字花科，为一至两年生的草本植物，古称雹突、芦菔、莱菔、土酥等，主要以肉质根供食用，嫩叶及芽亦可食，其性味为甘、辛、平、微凉、无毒。

　　中国种植萝卜的起源极早，西汉初的《尔雅》，便记载此物。而到了北宋时，萝卜的栽培甚广，遍及南北各地。故明人李时珍提及萝卜时，便说："莱菔今天下通有之。"

　　在烹调应用时，萝卜一般按上市季节和老嫩程度而分别应用。它适用多种烹法，常用于烧、炖、拌、煮等。除直接清煮外，最简单的方法，莫过于"玉糁羹"了。

这款历史名菜，竟于意外得之。据《山家清供》的说法，原来苏轼有次和老弟苏辙饮酒而酣，或许是口渴，也可能肚饥。于是取个萝卜，用木槌敲烂后，再把白米研碎，不加其他调料，煮他个稀巴烂，不知有否放凉，立刻送口食用。他在享用之际，突然放下筷子，并手抚几案说："若非天竺酥酏，人间绝无此味"，并赐名"玉糁羹"。

文中所谓天竺，为印度的古称。《后汉书·西域传》谓："天竺国一名身毒，在月氏（西域古国名）之东南数千里。"而酥酏此一古印度酪制食品，公认为是唐、宋迄今色、香、味俱全的美食，它是用奶酪和面制成的奶汤。依《法苑珠林》的说法，"诸天有以珠器而饮酒者，受用酥酏之食，色触香味皆悉具足"。

这个人间至味，料理十分简单，即使厨艺平常，也能有可观处，妙在师法天然，绝不矫揉造作，遂能矫矫不群，超乎凡品之上。不过，"玉糁羹"不一定得用萝卜，至少可代以薯芋。原来苏轼谪居岭南时，随侍在侧的三子苏过，有天"忽出新意"，发明了用山芋（即山药）为主料的羹品，这挺对他的脾胃，认为"色、香、味皆奇绝，天上酥陀（即酏）则不可知，人间绝无此味也"。并作诗赞之，云："香似龙涎仍酽白，味如牛乳更全清。莫将北海金虀脍，轻比东坡玉糁羹。"其美妙的滋味，竟把被隋炀帝誉为"东南佳味"的"金齑玉脍"给比了下去，推崇极矣，由此可见。

话说回来，李时珍称萝卜"乃蔬中最有利益者"，这话可一点不假，观看些俗谚即知。例如："常吃萝卜常喝茶，不用医生把药拿""萝卜进城，药铺关门""冬吃萝卜夏吃姜，不劳医生开处方"等即是。事实上，就保健功能言，萝卜主要是防癌，进而能抗癌，但得视体质而定。此外，其含量丰富的钙、铁、胆碱及甲硫醇等物质，具有降低血脂、稳定血压、软化血管和防止冠心病的作用。而生食萝卜，尚可预防流行性感冒、上呼吸道感染、脑膜炎与白喉等症，好处多多，不胜枚举。

萝卜另有"理颜色……轻身，令人白净肌细"的妙用，经常食用，甚利美容，比用保养的化妆品，在效果上，应不逊色，或恐过之。

芳甘绝伦百岁羹

二十余年前某夜，在特殊机缘下，曾和某些报界前辈用饭。其中一位长者对我说："吃过荠菜否？"答："吃过荠菜馅的馄饨和水饺。"他随即背出汪曾祺《故乡的野菜》一文，说道："荠菜焯过。碎切，和香干细丁同拌，加姜米，浇以麻酱油醋，或用虾米，或不用，均可。这道菜常抟成宝塔形，临吃推倒，拌匀。"说得口沫横飞，加上手舞足蹈，予我印象极深。后来央家母依法试做，味道出奇地好，博得一致好评。汪文另谓："拌荠菜总是受欢迎的，吃个新鲜。"我有亲身体验，证明所言不假。

所谓的"百岁羹"，就是指荠菜，典出北宋陶谷的《清异录》，指出："俗号荠为百岁羹。言至贫亦可具；虽百岁，可长享也。"而且数量极多，故王鸿渐《野菜谱》有歌曰："荠菜儿，年年有，采之一二遗八九。今年才出土眼中，挑菜人来不停手。而今狼藕已不堪,安得花开三月三。"又,它的别名亦有净肠草、烟盒草、枕头草等。

对荠菜的称颂,始于《诗经·邶风·谷风》。诗云:"谁谓荼苦,其甘如荠。宴尔新婚,如兄如弟。"此诗描述一位被丈夫遗弃的妇人心中的哀怨之情。诗中荼之苦味与荠之甘甜,形成了强烈对比,荠因而成为甜蜜生活之象征,遂有甘荠之美名。

历来对荠菜的赞誉甚多,如王世懋《瓜蔬疏》称:"百草中可食者最多,荠菜……草中之美品。"南宋陆游的"惟荠天所赐,青青被陵冈""春来荠美忽忘归""冻荠此际价千金"等,不胜枚举。至于其滋味,那就细数不尽,其中荦荦大者,则是荠羹。

荠羹鲜美异常,苏轼认为可与水陆八珍匹敌,曾写信给徐十二,不仅大力推荐,并将其滋味、疗效及做法等,写得一清二楚,颇具参考价值。

东坡先写道:"今日食荠极美。念君卧病,面、酒、醋皆不可近,惟有天然之珍,虽不甘于五味,而有味外之美。"由于徐十二罹患疮症,苏乃认为:"荠和肝气,明目。凡人夜则血归于肝,肝为宿血之脏,过三更不睡,则朝旦面色黄燥,意思荒浪,以血不得归故也。若肝气和,则血脉通流,津液畅润,疮疥于何有……故宜食荠。"

苏轼烧荠羹之法,为"取荠一二升许,净择,入淘了米三合,

184

冷水三升，生姜不去皮，捶两指大，同入釜中，浇生油一蚬壳多于羹面上，不得触，触则生油气，不可食，不得入盐、醋。"

末了，他还谆谆告诫徐十二说："君若知此味，则陆海八珍，皆可鄙厌也。天生此物，以为幽人山居之禄，辄以奉传，不可忽也。"另，此荠羹最早出自东坡笔下，故世称"东坡羹"。陆游特爱食荠，曾经进行仿制，并赋七绝一首以志此事，诗云："小着盐醯助滋味，微加姜桂发精神，风炉歙钵穷家活，妙诀何曾肯授人？"并认为它是"芳甘妙绝伦"。

荠菜做羹或粥，北京人称"翡翠羹"，陕西则称为"水饭"或"珍珠系翠花"。而咱朱家的"荠菜豆腐羹"堪称一绝。此菜豆腐要嫩，汤要清，荠菜够绿，搭配火腿丁（食素不用）、香菇丁等，和以油脂，撒些胡椒粉，食味清爽可口，乃春日之妙品也。

清鲜神品骊塘羹

犹记三十年前，初读王安石《送邓监簿南归》诗，笔力雄健浑厚，感受苍凉境界，此诗云："不见骊塘路，茫然四十春。长为异乡客，每忆故时人。水阅公三世，浮云我一身。濠梁送归处，握手但悲辛。"后来我才知道，骊塘位于江西省临川县（今抚州市临川区），为王安石的故乡，后世建有书院，此即"骊塘书院"。

南宋的食家林洪，曾作客于该书院，据他的现身说法，每次吃完饭后，必端出菜汤，"清白极可爱，饭后得之，醍醐、甘露未易及此"。此汤竟然能与醍醐、甘露媲美，滋味甚至超越，其推重可想而知。

而所谓的醍醐，指的是酪酥上面的凝聚物，其味极甘美。清代名医王士雄在《随息居饮食谱》中，认为酪、酥、醍醐这三物，皆为"牛马羊乳所造。酪上一层，凝者为酥，酥上如油者为醍醐。并甘凉润燥，充液滋阴，止渴耐饥，养营清热"。同时它可借喻美酒，如白居易的《将归一绝》，云："更怜家酝迎春熟，一瓮醍醐待我归。"

至于那甘露，乃前著所云的露水，尤妙不可言。王士雄指出，它能"甘凉润燥，涤暑除烦。若秋（指立秋）前之露，皆自地升。苏（轼）诗'露珠夜上秋禾根'是已。云：秋禾者，以禾成于秋也。稻头上露，养胃生津。菖蒲上露，清心明目。韭叶上露，凉血止噎。荷花上露，清暑怡神。菊花上露，养血息风"，莫看只是露水，还真妙用无穷。

谜底随之揭晓，此汤汁的做法，林向厨师请益，原来是将茶叶和萝卜细切后，用井水煮至烂透即成。望之甚为简单，关键在于井水，由于井水是"泉之清洁者也"，按元人贾铭在《饮食须知》中的说法，井水"味有甘、淡、咸之异，性凉。凡井水，远从地脉来者为上……平旦第一汲为井华水，取天一真气浮于水面，煎滋阴剂及炼丹药用"。我只是好奇，煮此"骊塘羹"所用的井水，是否亦来自地脉，而且是在清晨第一次汲取之后，再予以澄清者？

又，古称莱菔，又名芦菔的萝卜，今名乃讹称。据李时珍在《本草纲目》里的考证："上古谓之芦菔，中古转为莱菔，后世讹为萝卜"，其味辛而甘，有化积滞、消痰、止咳、解酒毒等功效。不知是啥原因，我特爱食萝卜，亦爱其衍生品，如菜脯、酱萝卜之类。它的好处多多，尚有"消豆腐积，杀鱼腥气。熟者甘温。下气和中，补脾运食，生津液，御风寒，肥健人。已带浊，泽胎养血"等作用，而且"四季有之，可充粮食"。《膳夫经》云："贫窭之家，与盐饭偕行。号为三白，不仅为蔬中圣品已。"

这个"三白"很有意思，乃一撮盐、一碟生萝卜、一碗白米饭。刘敛曾请苏轼品尝，号称"皛饭"。苏轼食罢，则以"毳饭"回敬，传为食林佳话。我在想，饱食荤腥之后，为了减轻肠胃负担，可先享"三白"，接着饮"骊塘羹"，至清至鲜，无与伦比。

此外，一代生活大师李渔亦爱食萝卜，曾说："生萝卜切丝作小菜，拌以醋及他物，用之下粥最宜。"看来萝卜变化甚多，而且皆可臻于极致。

五谷亦素食为天——米饭面食

佛宝节品阿弥饭

　　"阿弥"是"阿弥陀佛"的简称，此为佛家语，意译为"无量寿佛""无量光佛""无量清净佛"。而佛诞指的是农历四月八日，现称佛宝节。时至今日，江南及皖南的农村，会以应节食品供佛，称之为"阿弥饭"。

　　此一食俗由来已久，像清人顾禄的《清嘉录》即云四月八日，"市肆煮青精饭为糕式，居人买以供佛，名曰阿弥饭，亦名乌米糕"。

　　那么青精饭又是何物？且在此述其始末。

　　有关它的记载，最早见于晋代。药学家亦是道家巨擘的陶弘景，在《登真隐诀》中，记载"青精干石鉶饭法"（故一名青鉶饭）。此饭的做法为：以酒、蜜、药草为溲（浸泡）而曝之，以白粳米一斛二斗，用南烛木叶五斤（干者三斤），杂茎皮取汁，浸米炊之。四至八月用新生叶，色皆深；九至三月陈叶色皆浅，可随时加其斤两。如四五月间做饭，可用十余斤叶熟香，以一斛二斗热水浸之炊饭。到了明代时，《本草纲目》已有改进和发展，即只以水浸一二宿，不必用汤，将米捞起炊之。初时米作绿色，再蒸之，便如绀色。如色不好，可淘去，更以新汁浸之，使饭作青色乃止。然后高格曝干，而再三蒸三曝，每一曝，皆以青汁混之。其制作之繁复，确实大费周章。

其实，在南宋时，林洪的《山家清供》一书，所记载的青精饭，制作方式有二，其一用"南烛木，今名黑饭草，又名旱莲草……采枝、叶，捣汁，浸上白好粳米，不拘多少，候一二时，蒸饭。曝干，坚而碧色，收贮"。其二另名"青精石饭"，又称"石脂"，其制法为"用青石脂（今不详）三斤，青粱米[1]一斗，水浸三日，捣为丸，如李大"。

两种做法不同，服用方式亦异，前者"用滚水量以米数，煮一滚，即成饭矣。用水不可多，亦不可少"，久服之后，能"延年益颜"，在山居供客时，宜用此青精饭。后者用"白汤送服一二丸，可不饥"，如果想效法汉初的张良，在进行"辟谷"（道家修炼时，不进食物）之际，最好是用后法，才能相辅相成，进而相得益彰。

1　一说即精米。谷穗有毛，粒青，米色微青而细，似青稞而略粗。

"诗圣"杜甫曾以诗赠"诗仙"李白，云："岂无青精饭，使我颜色好。"可见其具有疗效，观唐人孙思邈所言，的确也是如此。孙指出用南烛叶煎汤药，益髭发及容颜，兼补暖，又治一切风疾，久服轻身明目，黑发驻颜。

　　所谓的南烛，一名南天烛，属杜鹃花科，常绿灌木，多分枝，叶互生，秋季开花，浆果球形，成熟时色紫黑，味甜，可食。由于既像木，又类草，也叫南烛草木，最早著录它的，乃《开宝本草》一书。

　　享用过青精饭的诗人不少，如北宋黄庭坚有"饥蒙青粢饭，寒赠紫陀尼"，南宋陆游有"道士青精饭，先生乌角巾"。这款道家名食，随着时间推移，制法不断更易，甚至改变形式，呈现为糕状食品，再用之于佛宝节供佛，此一特别现象，值得研究探讨。但可确定的是，久服此青精饭，于养生甚有益，应可发扬推广。

桃花泛与一声雷

用锅巴来做菜，既能荤也能素，而且烧法雷同，大多用浇淋手法，将烧好的主、配料，直接浇淋其上，产生美妙效果，或见桃红艳色，或闻滋滋作响，初见此情形者，常为之动容，并引发联想，既命名"桃花泛"，亦有人夸张地称其为"平地一声雷"，不愧有"天下第一菜"之誉。

又称饭焦或焦饭的锅巴，为米饭烧至焦香的底层，一般是用糯米、粳米所制，以片薄、色泽淡黄、酥松香脆为佳。锅巴历史悠久，堪与米饭共存。现代食品工业，在制作锅巴时，可将米饭置烘烤箱中烤，也能放锅中炸透。如按米的品种，则有籼米锅巴、糯米锅巴、粳米锅巴及小米锅巴等。尽管风味不同，且不论直接送口，或者将之制馔，在手法上倒无太大分别。

锅巴特别香，嗜之者颇众。《南史·潘综传》载："宋初吴郡人陈遗，少为郡吏，母好食鎗底饭。遗在役，恒带一囊，每煮食辄录其焦以贻母。"以焦饭奉母，人称为纯孝。我亦爱食锅巴，目前能吃到的，为机器大量生产，色泽雪白，炸得酥脆，当成零嘴，甚能解馋。

历史上有两款锅巴，堪称极品。其一为《随园食单》中的"白云片"，云白米锅巴"薄如绵纸。以油炙之，微加白糖上口极脆。金陵（今南京）人制之最精，号'白云片'"。它用焦饭制作，取白色部分，用剪刀剪成如铜钱大的圆块。其二源于民间寺庙。相传成都昭觉寺僧众，日食稻米千斤，香积厨造饭时，潜心加工锅巴，渐成斋堂名菜；另，重庆的缙云寺，于1932年创办汉藏教理院时，厨僧创造出香脆油亮的"缙云盐茶锅巴"，信众香客超爱，成为天府小吃中的一绝。

以锅巴入馔，素比荤清雅，用口蘑尤佳。此口蘑因产于张家口而得名，以前是野生的，现已人工培植。口蘑有大有小，愈小其味愈浓，其顶小的一种，号称"口蘑丁"，大小略如纽扣，细小而且齐整，上面带层白霜，望之美观极了。据散文大家梁实秋的回忆，"抗战前夕，平绥路局长以专车邀我们几个学界的朋友……游大同云冈，归途经张家口小停，我以三十余元买了半斤上好的道地的口蘑丁，那时候三十余元就是小学教师一月的薪给。"他并谓："蘑菇丁很容易发开，用以制口蘑锅巴汤或打卤做汤面，都是无上妙品。"

我有幸先后去了张家口及大同市，也到云冈观赏，吃了几顿大餐，就是没有那口蘑锅巴汤，不免怅然若有所失。在《金陵美肴经》中，载有"口蘑锅巴"一味，据说早年是南京的筵席大菜，既可将炸好的锅巴，倒入汤汁食用，也能用锅巴蘸着汤来吃。我去南京数次，总算尝过此味，但无滚烫汤汁浇淋锅巴的哗啦声效，少点趣味，有些可惜。

　　近日友人寄来极品的羊肚菌，滋味不在口蘑之下。乃倩高手用牛番茄切块打汁，加入发好的羊肚菌及玉兰片，在烧沸后，直接浇锅巴上，其色橘红澄亮，声响劲舒有致，锅巴或脆或糯，汤汁浓醇香鲜，实为素菜隽品，食之余味不尽。

周村烧饼称一绝

　　山东是孔圣人的故乡，我初来到此间，乃壬辰年夏天。当晚第一个惊喜，就是吃周村烧饼，此后连吃了八天，仍觉得意犹未尽，至今思之仍垂涎。它只个小玩意儿，却扣人心弦如此，想来真是个异数。

　　此一特殊的烧饼，产自山东淄博市的周村。形圆色黄，薄如纸片，正面布满芝麻，背面充满酥孔，因其特别酥脆，久藏质味不变，一称大酥烧饼。

　　早在明代中叶，周村商贾云集，市面尚称繁华，涌入各种小食，加上传入"胡饼"，当地的小吃业者，乃在制作"焦饼"的基础上，采用烘烤胡饼之法，一再发展演进，虽以马蹄烧饼闻名，但尚有成长空间，专待有心人发扬。

　　清光绪年间，周村当地的烧饼店，竟能推陈出新，从此誉满华北。原来当时经营"聚合斋"烧饼店的郭云龙，有次无意中发现，马蹄烧饼上面鼓起的薄壳，口感酥脆，气味浓香，食之不腻，于是试制这种大酥烧饼，博得众人好评。也是因缘际会，在胶济铁路通车后，此饼以薄、香、酥、脆，既方便携带，也能充当零嘴，遂成了伴手礼，旅客争相购买。周村人士见状，于是生产大酥烧饼的店铺，有如雨后春笋，一家家接连开，形成一大特色。而在众多的饼铺中，以"聚合斋""大顺勇""东兴和"这三家的规模较大，名号也最响。

这款大酥烧饼，分成咸、甜两味。形体非常薄，若夸张地说，其薄有如蝉翼，一旦失手落地，马上摔成碎片。故有"周村烧饼落地——拾不起"的歇后语，以及"周村烧饼碗口大，一斤可秤六十个"的民谚。周村烧饼薄、脆、酥的显著特点，透过民间的谚语，已概括道尽。

我后来有幸尝到河南西平的空心烧饼。此烧饼在饼的中间有一个凹进去的洞，形成空心，因而得名。其制作要领为：先采用发酵面配以油、盐、五香粉制胚，接着上鏊烤制。成品色黄酥脆，咸香可口，可夹食酱牛肉或卤豆干等，食来别有风味。

至于现在的周村酥烧饼，其制作方法则异于前，是用面粉、精盐及水，在盆中和成软面团，再分成若干剂（小面团），先取一个面剂蘸水，放在瓷墩上压扁，再用手指向外延展，成为圆形极薄饼胚。另备洗净并晾干的芝麻，在大木盆中晃匀，将薄饼胚洒一层水，揭下之后，令有水的一面朝下，放于芝麻盆内，周遭粘满芝麻，接着提起饼胚，放在工具上，将平面向上贴于挂炉上壁；下面以锯木末或木炭火烘烤至熟，然后用长柄铁铲铲下，同时以长柄勺接住烧饼，置盛器内放凉，再以十六个为一包，用纸包装即成。

如把精盐改成白糖，即是甜酥烧饼。不过，目前在制作上，已采用红外线烘炉烤，将生饼贴在传送带上，送进炉道烘烤，烤后自动出炉，可以大量生产。

比较起来，我爱食大酥烧饼，更甚于空心烧饼。且这种传统名点，宜茶宜酒宜咖啡，不拘是早、中、晚餐，甚至是宵夜、点心，它都是绝佳选择。我以前也爱吃西式的杏仁片脆饼，但有此新欢后，就割舍旧爱了。

素馅面食源酸馅

一种平凡食品，曾经风行首都，却因特殊因素，本尊之名已不存，而所产生的分身，至今仍处处可见，堪称食林传奇。这种食品就是"酸馅"。

"酸馅"，一称"酸馅""馊馅"，也叫作"馊馊""沙馊"。据《广韵》记载："馅，小食也。"此馅字通馅。故《正字通》云："馅，凡米面食物，嵌其中，实以杂味，曰馅。"而"酸馅"这一包馅面食小吃，源于五代，盛行于宋。例如孟元老的《东京梦华录》在中元节条下，即记有"又卖转明菜花、花油饼、馊馊、沙馊之类"，可见甚为流行。但最早记载此一食品的，则为北宋大文豪欧阳修，他在《归田录》一书中，指出："京师（指汴京，今开封市）食店卖酸馅者，皆大牌榜于衢路。而俚俗昧于字法，转酸从食，馅从邑。有滑稽子谓人曰：'彼家所卖馊

200

馅不知为何物也。'饮食四方异宜，而名号亦随时俗言语不同，或至传者传失其本。"

从此之后，"酸馅"的别名就叫"酸馅"了。唯这种讹写或简写的情形，每见于后世餐馆的菜名中，不胜枚举。

此外，"酸馅"的具体形状为何？在《避暑录话》中有一则故事，倒是可帮助人们了解。原来宋徽宗初年时，丞相章惇招待高僧净端。结果执事者粗心，居然把酸馅端给丞相，而把馒头送到净端面前。章丞相吃了一口，发觉不对，立即斥责了执事者。之所以会如此，就在形状太像。馒头必用荤馅，酸馅则用素馅，将荤馅馒头献给高僧享用，铁定引发不小的误会。

又，佛门中也常用"酸馅"。例如郑望之《膳夫录·汴中节食》记载："四月八（即佛诞日）：指天馓馅。"郭彖《睽车志》卷四曰："素令日以僧食啖之，酸馦至，顿食五十枚（粒）。"《古尊宿语录·云门匡真禅师广录下》则记有："师因斋次，拈起馓馅谓僧云：'拟分一半与你。'"由以上的说明，"酸馅"乃僧家素食，也是当时以蔬菜和豆馅制成的素馅食品，市面有售。

到了元代时，"酸馅"仍流行。14世纪中叶出版的《朴通事》卷下记载的饮食类，就有"素酸馅稍麦（即烧卖）"。另，元剧《蓝采和》第二折中，有"可知俺吃的是大馒头阔片粉，你吃的是菜馓馅淡廅羹"之句。至于它的具体制法，记载于《居家必用事类全集》："馒头皮同，褶儿较粗，馅子任意，豆馅或脱或光者。"此所谓的"或脱或光"，依现在的用语，即为带皮或不带皮，而不带皮者，今则谓之为"豆沙"、"豆瓣"或"豆仁"。

明代之后，"酸馅"的各种名称失传，但就其形制而言，这种以圆形面皮包馅的食品，实为当下的素馅包子，当然包括豆沙包了。不过，我们常食的包子，褶子打得精细，鲫鱼嘴很明显，有时为了区分，上面加个红点子，如此才不会拿错，闹出另一段公案（指章丞相的故事）来。

我曾在北方的寺庙中，品尝了"酸馅"，当时只觉制作较粗，望之甚为豪放，殊不知这乃原貌，此古风迄今犹存。

素面隽品尼姑面

　　为《随园食单》做补证的夏曾传先生，出身钱塘（今杭州）世家，书香门第，其父夏凤翔虽未做高官，但为清代名流。夏氏自幼家计丰厚，于饮食十分讲究，家厨必请烹调高手。他本人非常留心各式饮食的特色及手艺，凡与朋友宴饮，有风味独特精美之肴馔，必派人前往学习，故颇晓饮食之精微。当他为袁枚的"素面"做补证时，有感而发，写了一段精辟的文字，内容甚有借鉴价值，且在此抄录如下：

　　"外祖吴尚书尝语先大夫（指夏凤翔）曰：'下面何必定要鸡鸭火腿，我常吃白菜下面，亦颇有味。'比（等到）公南归后，节省庖厨之费，当时庖人稍稍引去，而面亦不堪下咽矣。观此可知素面之法不肯传人，其情已可概见。因思吾乡某公奉佛，惟谨长斋数十年，家故丰于财，其食品恒以六簋（音鬼，指圆的容器）为率，庖人开账过于荤菜，而家人辈以菜为荤菜所不及，但不知其法肯传人否？"

素菜居然比荤菜还要贵，其精洁味美，自不在话下。只要看看《随园食单》记载的"素面"，就可知道做一碗好吃的素面，真的得大费周章，山寨版所制作出来的，根本无法与之相提并论。

其文云："先一日将蘑菇蓬（指菇伞，一称菇头）熬汁澄清，次日将笋熬汁加面滚上。此法扬州定慧庵僧人制之极精，不肯传人，然其大概亦可仿求。其汤纯黑色或云暗用虾汁、蘑菇原汁，只宜澄去泥沙，不重换水，一换水则原味薄矣。"

此做法纯取其原汁下面，和同时代的另一饮食巨著《调鼎集》所载者不同。《调鼎集》所载大概为把青菜并浇头先行制好，同汁另贮一锅，面熟入碗，加上素汁。不过，此一种做法，倒是和目前通行之法相近，其中最著名的素面，应是出自广西的"尼姑面"，通行岭南地区，赫赫有名至今。

此一素面约在百余年前，由位于广西桂林月牙山隐真岩的尼姑庵首创。起先名叫素面、斋面，后改称"尼姑面"。

"尼姑面"在制作时，分成擀面和烹制两步。首先是擀面。用上等精白面粉，加适量清水和少许细盐和匀，揉成面团，经多次反复擀压，接着切成面条。其次是烹制。面条放入沸水锅中稍煮，捞出，置用野香菇蒂、黄豆芽、草菇、冬笋、罗汉果等熬成的鲜汤中再煮，至面条软柔，盛入碗中，覆以事先制好的素火腿、花生米、面筋和草菇即成。

此一素面以筋力好，软而柔绵及风味独特著称，我早年曾在香港的素菜馆里品尝过，现擀现制，余味不尽，比起那荤面来，似更得我心。

总而言之，戏法人人会变，巧妙各有不同。区区一款素面，有用蘑菇伞及竹笋分别熬汁，纯取其汁下面；亦有用野生香菇蒂、黄豆芽、草菇、冬笋、罗汉果等料一起熬汁，并两段式煮面，然后覆上浇头。两者皆出自方外，僧家以简驭繁，朴实无华，专注在汤与面的合奏；尼庵五彩缤纷，融铸成一，达成各料与面的共鸣。严格来说，各取所需，不分高下，皆臻绝胜。

麻酱面食超美味

我们常吃的酱，号称"食味之王"，更有"百味之将帅，领百味而行"之誉。而目前的素酱，专指以大豆、麦面、米、蚕豆、芝麻、花生、辣椒等，经蒸、腌、发酵，加盐、水等物，所制成的糊状物。由于它风味不凡，且方便好用，遂逐渐传往世界各地，影响其食风至深且巨。

在所有素酱中，如果用来拌面，我独钟芝麻酱，只要运用得法，滋味绝对一流，令人食罢难忘，而出自济南及北京者，更是脍炙人口。

麻酱由胡麻（一名芝麻）中萃取出来。胡麻乃富含植物性脂肪油之缓和性滋补强壮品，能润泽肌肤，滋补脑髓神经，通润便秘之症。胡麻籽可以榨油，北方人叫香油，江苏人称麻油，以小磨麻油为佳。胡麻须先炒过，再磨成麻酱，吸引酱上浮油，即成了麻油。降及近世，改用蒸取者，出油多而渣少，气质香醇，为菜肴香料，能开胃进食。而磨成的麻酱，尤为家常佐膳佳品。

此芝麻酱的做法，载之于高濂的《遵生八笺》，其方为："熟芝麻一斗，捣烂，用六月六日水煎滚晾冷，用坛调匀，水淹一手指，封口，晒五七日后，开坛，将黑皮去后，加好酒酿糟三碗，好酱油三碗，好酒二碗，红曲末一升，炒绿豆一升，炒米一升，小茴香末一两和匀，过二七日（即十四天）后用。"如果遵此制作，料实费时工繁。

到了清代，《随息居饮食谱》所载的，便省事得多，且对身体有益，其制麻酱之法：先行炒过，"磨为稀糊，入盐少许，以冷清茶搅之，则渐稠，名'对（兑）茶麻酱'。香能醒胃，润可泽枯。赢老、孕妇、乳媪、婴儿、脏燥、疮家及茹素者，藉以滋濡化毒。不仅为肴中美味也"。

济南人在吃麻酱面时，必先把芝麻酱用筷子挑出一坨，搁进碗里，先少放一点水，以筷子顺着同一方向搅动，再逐渐添水，须反复几次，直到麻酱澥开，要调得稠一点，此之谓"麻汁汤"。汤稀味寡，殊不可取；若放开水太多，一旦有"淹"情形，将成絮状沉淀，不再与水融合，简直一无是处。

而在菜码方面，必不可少的"青头"，有胡萝卜丝、咸菜末、香椿芽末、黄瓜丝、氽过的绿豆芽、烫过的韭菜段（食全素者可免）、芹菜末、熟豆角丁等，调味料则用醋或加蒜泥。

白面亦很考究，自擀自切方妙。在煮熟之后，置凉开水中放凉，再盛入碗内，淋上麻汁汤，再和菜码、调料同拌，食之颇有风味。

至于北京人的吃法，先把麻酱调薄备用，接着将三伏好酱油少许，烧熟，冷却，另起油锅煎一些花椒油，趁热倒入酱油中，再倒点小磨麻油，此谓之三合油。同时预备好各种时蔬菜码，如翠生生的嫩黄瓜丝，水嫩嫩的娇红小水萝卜丝，雪白的水焯掐菜，剥好的蒜瓣（食全素者不用加），这些都置于小碟中。煮白面端上来，先酌加芝麻酱，再撩点三合油，放进各种菜码，在大碗中一拌，其鲜其香其味，笔墨难以形容。

台湾的麻酱面，菜码甚少而味不全，少了寻"宝"之趣。

蒸拌冷面四时宜

三十年前某元旦，我在新北市新店区中正路上的路边摊，品尝老孙的凉面，正值寒流到来，气温不到十度，但他的生意仍然顶好，食客如织。老孙顾盼自雄地说："这种天气敢卖凉面的，只有我老孙一人。"言下不无托大之意，所言倒是不争的事实。这个体验难得，是以至今未忘。

夏天吃凉面，确实能去暑；当秋老虎发威时，它也能吃得舒服。现在时空已转变，不讲究"不时不食"。于是寒冬吃凉面，只要多浇点红油，或者多添辣椒酱，照样能猛冒汗，辣得不亦乐乎！只是老孙所售者，并非纯以辣取胜，而是用独调酱汁，搭配着热味噌汤，即使气温骤降，依然吸引人潮。

目前台湾的凉面，通常是用油面条，在蒸过或煮过后，其色泽黄明透亮，把它们放凉后，置于大盆之内，顾客在享用时，先行挑入盘中，加各式调味料，而佐食的菜蔬，主要为小黄瓜丝，或者是绿豆芽。亦有直接置容器内，里面除凉面、小黄瓜丝外，尚有调味包，可随身携带。在临吃之际，全搅和一起，咻咻送嘴中，颇有番情趣。

惟此种凉面，发源于上海，经不断改道，化为众分身，已相沿成习，现四季得食。但昔日的上海，将这种食品，或当作正餐，也当作小吃，一向是夏季旺销之食。而它的出现时间，约在1937年前后，当时卡德路（今石门二路）一五三弄口，有一个冷面摊，日销冷面惊人，高达五包面粉（每包1.25千克），食客称之为"冷面大王"。其主要做法为：先把面条煮熟，再用冷水冲凉，堪称简单方便。

到了1949年，卫生部门因冷面用生冷水冲凉，不合卫生要求，下令全面禁售。约过三年后，"四如春点心店"另出机杼，采用新法制作。即在制作之时，将面条先蒸后煮，再用风扇吹凉。如此做成的冷面，既符合卫生的要求，且使面条硬韧滑爽，大受顾客欢迎。当下各式浇头的蒸拌冷面，上海街头到处可见，成为夏令小吃，亦是特色景观。

此蒸拌冷面的制作工艺，大致可分成制面条、制调料、制辅料及拌制四种，现逐一说明如下——

制面条。将生面条置笼屉内，以大火蒸个十分钟，出笼先挑松，用电扇吹凉。把此面入滚水锅中，待它浮起后，再煮一分钟，随即捞出，置大盆内。趁热加葱油拌和，边拌边挑松，复用电扇吹凉，放于洁净阴凉处。

制调料。芝麻酱加麻油（或凉开水）调成酱状麻酱；酱油加些白糖及水煮沸，俟其冷却。醋则加冷开水调和。另，可备些辣油，使增艳添香，令毛孔舒张。

制辅料。考究者，把绿豆芽掐去头尾，以沸水略焯，用冷开水漂凉，取出沥干摊开。

拌制。碗内放面条，加所制调料，再放上两片嫩姜或煮熟片好的香菇，覆盖着绿豆芽即成。此一"花色蒸拌面"，口感更为丰富，非但面条爽口，麻酱之味尤香。

我曾在上海两尝蒸拌凉面，所搭配而食的汤，有荤有素。荤者始于为巷弄的"咖喱牛肉汤"，素的则是"素罗宋汤"。其内有西红柿、洋葱、马铃薯、胡萝卜等，浓醇而厚，馨香可人，显然比起荤汤，更能引我入胜。

荞麦冷面有别趣

　　人生于天地间，口福相对难测，即使同处一地，在不同时空里，也会经常变换。有段岁月，我曾授业解惑，师生互动融洽。当中有些弟子，因为出身关系，专精韩、日料理，知道夫子爱吃，常觅巷弄小馆，一起品享美味。是以在"哈日风"和"哈韩风"大兴之前，便尝了不少异国精致的菜点。其中，夏日最常吃的，就是荞麦冷面。日、韩风味有别，而且差异极大，随着心境不同，更能体会炎凉，感受彼此差异。

　　首先是韩国的荞麦冷面。将荞麦煮熟后，先用冰块镇透，食法有荤有素。如果是吃素的，则将已过冷之面条，加辣泡菜、海带、黄豆芽、豆皮、玉米等，浇上蒜辣酱（用蒜泥、干辣椒和水搅成糊状的酱），再放水果片（主要为西瓜、梨和苹果）、鸡蛋丝，接着浇素高汤，撒上些熟芝麻，淋点麻油即成。食用之际，冰块在凉汤中载浮载沉，既沁心脾，又发汗浆，边擦边吃，不亦快哉！

比起三伏天吃冷面，竟然汗涔涔下，是辣得十分过瘾的韩式吃法，日本的荞麦冷面，就清凉含蓄多了。熟荞麦面先冰镇，再置于竹帘上，碗筷皆用黑色，且在面条之旁，置一小撮芥末，蘸特调酱汁而食，望之素雅，颇惹食兴。佐食者多半是炸物，用地瓜、芋头、茄子组成的素天妇罗，蘸着带萝卜泥的酱汁，清清爽爽，振奋味蕾。

其实，荞麦的原产地在中国，约公元一世纪左右，传到欧洲各地。先秦时期的《神农书》及北魏时的《齐民要术》等，皆有记载其栽培及食用的历史。用它制成的面，古称"河漏""促律忽塔""合饹"，现则称之为"饸饹"。关于它的吃法，首见元人王祯的《农书》，书内的"荞麦"条下写着："北方山后诸郡多种。治去皮壳，磨而为面，摊作煎饼，配蒜而食。或做汤饼，谓之'河漏'。滑如细粉，亚于麦面，风俗所尚，供为常食。"显然它的评价，不如小麦所制，但因大家爱吃，因而成为帝馔。

到了清朝，"河漏"的记载仍多，如西清在《黑龙江外记》谓："荞麦……面宜煎饼，宜'河漏'，甘滑洁白，他处所无，'河漏'挂面（即细面条）类，俗称'合饹'。"而当时的佳品，首推西安教场门孟兆武所制者，条细筋韧，挑不断条，吃不掉渣，因而赢得"教场门饸饹"的封号。又，饸饹面条柔软绵长，象征长命百岁，因而老人家生日，或小孩子满月时，都少不得食此。另，新婚的前一日和每年的除夕，在中国华北或东北地区，新人或全家必食荞麦面，前者讲究"安朋饸饹"，喻夫妻白头偕老；后者因与"和乐"谐音，过年而食此物，其口彩之佳，真是太棒了。

清人蒲松龄曾谓："饸饹压如麻线细。"高润生在《尔雅谷名考》亦称："荞麦……作细条落至釜中，煮熟食之，甚滑美也。"只是其面制品的形式，不仅细长而已，尚有粗、圆、扁、棱等花样，然而，当下在台湾所习见者，几乎都是细的成品。

我现在所吃的荞麦冷面，或用芝麻酱、小黄瓜丝、绿豆芽及素酱油淋拌，食味清爽适口。有时换个花样，将面过冷水后，直接以西红柿炒蛋当作浇头，吃来甚有意思。

锅盔耐嚼滋味长

在民国书坛中，于右任以朴拙灵动的楷书，并用北魏碑志写行草，一扫妖媚秀丽之风，代以雄强磅礴气势，造就"于派"之名，被尊为"近代书圣"，确为非凡人物。

于是陕西三原人，他喜欢讲个故事，以家乡面饼比喻人生。他说："年轻之时，总想痛快地吃回锅魁，可是口袋里老是没钱；等到后来有钱了，但老得牙齿都掉了，又怎么啃得动硬邦邦的锅魁呢？"

细究他的原意，与那"花开堪折直须折，莫待无花空折枝"的诗句，有异曲同工之妙。

锅魁即锅盔，以陕西乾县所制作的最棒。当地有句俗语："乾县的锅盔岐山的面，秦镇的皮子绕长安。"即知盛名不虚。于右任偏嗜面食，显然有恋乡情结。

关于此饼起源，据传始于唐代。原来唐高宗李治在修建陵墓时，用八卦图测定方位，选墓址于梁山之上，此方位正是乾卦，遂定名为乾陵。由于工程浩大，工匠军卒众多，饭食接济不上。为了解决问题，民工自己设灶，没有锅子的人，就用头盔替代。将面团置其中，放在火上烧烤。军士食而甘之，而且经久不坏，遂受军民欢迎，从此流传下来。又因此饼形状，好似头盔一般，故称之为"锅盔"。

经过后人不断改进，"乾州锅盔"质量提升，其形有如满月，边薄中厚，表面鼓起，馍瓢干酥，望之像煞菊花，看起来美观，吃起来酥脆，入口脆而绵，且越嚼越香，因而播誉远近，成为当地人们致赠亲朋好友的手信。例如清末京官宋伯鲁，他每次返乡时，除自己饱食外，还要置备木箱，大量采买锅盔，装箱运抵京城，馈赠僚友即是。

顶好锅盔难制，根据传统做法，要用松木或柏木杠子，挤压硬面团数百回。运用松或柏，其原因无他，取香气而已。而反复挤压的道理，在于"面不压不筋，铁不锤不钢"，直至面光色润，才算初步完成。接着将面饼放入鏊内烘烤。这时候的功夫，则在须勤看、勤翻、勤转的"三翻六转"上，也唯有如此，才能制出火色均匀、馍黄如杏、无半点儿烙痕的上好锅盔。

台北亦有卖近似锅盔者，在金山南路上。其名为"杠子头"，个头比锅盔小，价格经济实惠。我吃了四十年，总数却不太多。

炎炎夏日午后，除空口吃之外，配个绿豆稀饭，吃得有滋有味。如果是大冷天，喜欢搭配普洱，或是浓郁咖啡，或者是配制酒，如竹叶青、莲花白之类，细嚼慢咽，余香满口，既可心旷神怡，且得味外之味。

总之，锅盔最诱人之处，在于面硬、酥脆、匀黄、香口和耐嚼，一旦沉浸其中，恐怕难以自拔。

面筋还是素烧好

面筋号称"箸下宜素又宜荤",味甘性凉,有和中、解热、益气、养血、止烦渴的功效。适合劳热之人,煮而食之甚佳。只是它难消化,需要一再咀嚼。

在各种面筋中,我最爱吃烤麸,心中最向往的,则是炉贴面筋。前者常见于小菜中,后者至今无缘一尝。

所谓烤麸,由生面筋经保温后发酵制成。颜色澄亮带黄,松软且富弹性,出现很多气孔,其状有如海绵。另,生面筋经加热干燥后,可制成活性面筋粉。当它在使用时,取四十摄氏度之温水调制,先揉捏成团,经水煮之后,即成水面筋。取此再蒸过,亦可成烤麸。

永和的名馆"三分俗气",其纯素的小菜中,有"红焖苦瓜""油焖笋""素烤麸"三种,这三样我都爱,均置白瓷碟内,形式美观大方。其烤麸是和毛豆、黑木耳、笋片、豆干丁同烧，爽脆细滑俱全，会一口接一口，须臾即一扫而空。

至于炉贴面筋，是把生面筋先水煮至半熟，再贴入特制的炉内，以文火烘烤而成。具独特风味，且耐储存。据说产自南京市江宁区土桥镇者，挂于阴凉通风处，可保存两到三年。另有一种甚奇，出自南京牌楼面筋作坊，一次烘二排六只，以芦竹串制，每串有十二排，共七十二只。皮薄酥脆，呈浅黄色，内部的网络，似丝瓜之筋。用冷水泡后，可炒，可烧，也可做汤，据前江苏省特一级厨师薛文龙的讲法，"其味鲜嫩，细腻绵软，并无油腻之感"。我慕其名甚久，上回去南京时，走访数家餐馆，皆说今已失传，令我怅然而返。

清人薛宝辰在《素食说略》一书，载食面筋四法，清爽而有真味。其一，"面筋用水瀹（即洗）过，再以白糖水煮之，则软美"。其二，五味面筋，"面筋切块，以酽茶浸过，再以糖、醋、酱油煨之，略加姜屑，味颇爽口"。其三，糖酱面筋，"煮熟面筋，以糖及酱油煨透，多加熬熟香油起锅，可以久食"。其四，罗汉面筋，"生面筋，擘块，入油锅发开，再以高汤煨之，须微搭芡。京师素饭馆'大味斋'作法甚佳"。看来前三者的制作，都离不开糖，凡体内血糖偏高之人，宜减少糖的用量。

《食在宫廷》一书，其中的《斋菜》一章，收有"糖醋面筋"和"红烧面筋"这两道菜。强调它们都是寺院菜，后来传入宫中，前者为皇太后、皇后在"斋戒时，多吃此菜"，适合热食；后者在宫廷里，多于正月时食用。即使在满族家庭，"春节时必做此菜"，而且"冷热食均宜"。

细观"糖醋面筋"的烧法，类似"罗汉面筋"，只是面筋切滚刀块，另加笋片、姜末等配料，一样勾少许芡。而其制作的要领，首在把面筋炸透，才会具独特风味。

此外，"红烧面筋"一味，则与"糖酱面筋"相近。在宫廷中，会添加笋片及姜末，同时炒过的面筋、笋片，须改用小火煨，待调汁已入味，即可出锅供膳。

总之，宋人陈达叟在《本心斋蔬食谱》中，认为"入素馔最佳"的面筋，烧法多变，味美则一，值得阁下仔细玩味。

甜面筋别出心裁

有些人一上年纪，就喜欢吃点甜的，似乎是返老还童，也有养生的作用。我的一些文友们，饭后若没有甜点，必感觉若有所失。如果神交古人，最最让我心仪的，首推大文豪苏轼，他始终嗜食蜂蜜，而且是无此不欢，堪称一大奇葩。

据宋人陆游《老学庵笔记》的记载，"仲殊长老豆腐、面筋牛乳之类，皆渍蜜食之，客多不能下箸。东坡亦酷嗜蜜，能与之共饱"。而这两位老兄，除爱吃蜂蜜外，也爱吃蜜渍品，豆腐也就罢了，面筋不好消化，两位长者对坐，一起咀嚼面筋，这个场景很有趣，充满着想象空间。

关于面筋的起源，明代四明主人及黄正一这两位，均分别在其著作《家常典记》与《事物绀珠》里指出：面筋为梁武帝所作，时当南北朝时期。宋人吴自牧《梦粱录》中记载，在当时的市面上，面筋的吃法很多，有"笋丝麸儿""麸笋丝假肉馒头""乳水龙麸""五味熬麸""糟酱烧麸""麸笋素羹饭"等，烧法多元，五花八门，让人目不暇给。

中国的素菜中，常用豆腐、面筋、蘑菇、水笋，号称"四大金刚"。而别名"面根""素肉"的面筋，在烹调运用时，既可作菜肴主料，又能充当配料，且可和众多荤、素食材搭配，亦是有名百搭菜之一，适合多种烹调方法。另，它除了手撕外，也适合用各种刀工加工，切成块、片、条、丝、丁、末等形状，不仅可作冷菜、热炒、汤羹、小吃，亦可当作馅料使用。

具体言之，水面筋的结构，像极了肌纤维，经过适当处理，可制成素鸡、素鹅、素鳖等以素仿荤菜式，同时红烧或卤煮后的素肠，则酷似猪肠菜品。

有"最清纯"美誉的面筋，宋人王炎对它赞不绝口，曾撰《山林清供杂咏·麸筋》一诗，写道："色泽似乳酪，味胜鸡豚佳，一经细品嚼，清芳甘齿颊。"只是用此烧菜，在南北的口味上，几乎都是咸酸，极少烧成甜的。即使偶尔制作，或用白糖水煮，或以糖、酱油煨之，只算是个家常菜，恐难登大雅之堂，更无法登席荐餐。

近百年光景，有"泉城"之称的济南，其西门外的江家池畔，有个老饭庄，坐落小巷中，生意兴隆，叫作"汇泉楼"。在看家菜中，有道烧面筋，以甘甜取胜，乃其所独有，他家难仿做，致食客盈门。由于卓荦不群，曾收录于《中国名菜谱》内。

这款"甜烧面筋"，其制作要领为：将水面筋撕成条状，约一寸半长，加少许甜面酱、湿淀粉，先抓匀上色。接着花生油烧至八成热时下锅，炸至枣红色捞出。锅里则添清水，加白糖、桂花酱等，待其溶化，再把水发莲子、水发白果、焯过后的荸荠片、玉兰片和面筋，一起倒入锅内，并以文火收汁，一见已汤稠，另浇花椒油，盛盘内即成。

此菜色泽光润，味美香甜，堪称绝妙。我心仪甚久，路过济南时，未得空一试，盼机缘成熟，得一膏馋吻，享无上口福。

零食一品乐陶陶——点心饮品

土法炼钢爆米香

在台湾传统的叫卖小食中，我独钟爆米香、豆花及麦芽糖。三者皆有特色，营销手法不同，亦有特殊声效，可以传达远近，实在令人着迷。由于 20 世纪 60 年代时，长期住在乡间，物质享受方面，比起大城市来，更是相形匮乏，只要有零嘴吃，就是个小确幸。这三样甜点里，爆米香较少见，一次得买整包，可放着慢慢吃，而且制作当儿，充满了画面感，同时此一方式，竟然持续至今，也算食林一奇。是以每回见到，总想买个一袋，既发思"古"幽情，也能回忆儿时，那种快乐辰光，早就金不换啦！

其实，爆米香在过去的半世纪，外观虽然变化不大，但已是改良的精进版。早年的业者，通常为两人，都是夫妻档，踩着脚踏车，满载着器具，到处干活儿。先相准地点，再卸下器具，接着摆阵仗，先一面打锣，紧接着高喊："爆米香喔！爆米香。"经此一番搅弄，全村便沸腾起来，开始"米香"总动员。

待围成一大圈，业者立刻施为，将适量的大米，倾入加热器中，鼓动风箱生火，并不停地转动，约一刻钟左右，突闻哨音响起，提醒老少注意，免被巨响吓到。当大家走避时，助手已备好铁丝网袋子，紧套着加热器，他则开启活塞，丝毫没有耽搁。随后一声巨响，烟雾弥漫左右，米香飘散空中。大家见此状态，神情一阵轻松，甚至绽放笑容。

过了没好久，涨发的米粒，已全部落袋。于是把它们倒在铝制圆形的大盆内，添入糖水、麦芽膏等调味料搅和拌匀，最后才放在长方形的浅木框中，以木质滚筒压平，切成块状即成。物美而廉，大受欢迎。

只是而今时空已变，业者已用小货车，而且花样翻新，机器由人工手摇改成小马达带动，不仅省时，响声亦小。纯就口味而言，除原先的大米、糯米外，今更有花生、豌豆、黄豆、玉米、小麦等，选择性虽多，但包装依旧，显不出新颖，致食者日减，真的很可惜，有改善空间。

以往爆过的米香，绝不是祭五脏庙，而是用来卜流年。古籍上指出，糯谷爆花曰"孛娄"，此即"卜流"的谐音，其历史颇久远，早在南宋即有。到了清代中叶，占卜用途不再，随着时代推移，早就纯供食用，却是不争事实。

此一特殊小食，收在饮食巨著《调鼎集》中，叫"炒空心米"，乃用镬（大锅）以沙为导热体炒制而成。并谓它为老少所喜食之物，是民间新年时必食的传统食品，且具有益心脾、补脏腑、助消化的食疗效果，如能经常食用，甚益人体健康。

　　看来爆米香味道佳，补益强；面对此一尤物，应该多多益善，岂容轻易放过？

金秋菱角味绝美

犹记得小时候，常听到《采红菱》，开头的第一句，至今朗朗上口，"我们俩划着船儿，采红菱呀，采红菱"。歌词亲切动听，却一直很纳闷，菱角分明是紫黑色，哪来的红菱呢？直到数年前，在阳澄湖畔，才见到红菱，色鲜红可爱，剥了送口吃，脆中带清甘，味道挺不错，难怪旧时南京的宴席中，一到金秋时节，几个散果（即看果）盛盘，其中必不可少的，就是新鲜红菱。

菱角盛产江南，但北京亦有出产。如明末蒋一葵《长安客话》记载西湖（即昆明湖）的情况道："万历十六年（1588）……近为南人兴水田之利，尽决诸洼，筑堤列塍，为蔺为畬，菱、芡、莲、菰，靡不毕备，竹篱傍水，家鹜睡波，宛然江南风气。"清末富察敦崇《燕京岁时记》又道："七月中旬则菱芡已登，沿街吆卖，曰：'老鸡头才上河。'盖皆御河中物也。"可见北京的水面上，确实产菱应市。

菱的种类很多，就北京而言，即有三角、四角、二角，或大或小，颜色有绿，有红，有绿中带红，还有咖啡色的老菱。但以"小红最佳"(见汪启淑《水曹清暇录》)，只不知和我所尝的，是不是同一品种？

红菱鲜嫩时，其味极甘美，可当成水果吃。老菱带壳煮熟，质糯清香微甜，号称"水栗"。另，老菱磨碎后，可制成菱粉，质细洁爽滑，乃芡粉上品。用来勾芡，光泽照人，明亮可鉴，其味甚美。在素菜馆中，制作"素鸽蛋"，如不用菱粉，效果差很多。

苏州东郊一带，菱常与藕间作。故其民谣唱道："桃花红来杨柳青，清水塘里栽红菱。姐栽红菱郎栽藕，红菱牵到藕丝根。"两者皆可生食，亦能入馔，且制芡粉，一起栽作，同时收成，倒也相得益彰。

基本上，此一菱角，古人称为芰，如依其形状颜色，品种有元宝菱、和尚菱、懒婆菱、白菱、水红菱、乌菱等。如果以其入馔，在烧素菜方面，江苏常州的吃法有二，均载于《武进食单》中，其一为"菱炒菜心"，其二为"菱肉烧豆腐"。前者"用菱肉(先煮熟)炒大白菜心，亦素菜中之较为特致者"；后者则"购鲜嫩菱角，去壳，用老豆腐入沸油中略煎，然后和入菱角，加

231

酱油少许，盐、糖、葱白同煮至菱角熟烂即可"。阁下若吃全素，不加葱白也行。

以上为家常菜，但有高档做法，此即袁枚《随园食单》所记载的"煨鲜菱"，文云："煨鲜菱，以鸡汤[1]滚之。上时，将汤撤去一半，池中现起者才鲜，浮水面者才嫩。加新栗、白果煨烂尤佳；或用糖亦可；作点心亦可。"吃法多端，颇耐寻味。

而以菱角制作的甜菜，我吃过蜜汁及拔丝两种。用蜜汁为之者，色泽黄明而亮，甚能诱我馋涎；以拔丝制成者，银丝错落有致，妙在趣味横生。都能得我欢心，可惜皆吃一回，至今仍再三回味。

1　改用素高汤亦佳。

糖炒栗得味外味

　　一看到糖炒栗的摊贩,就知道秋天的脚步近了。它号称"灌香糖",至今北京、天津一带,尚传颂着糖炒栗子的佳句,诗云:"堆盘栗子炒深黄,客到长谈索酒尝。寒火三更灯半灺,门前高喊灌香糖。"

　　我非常爱吃它,曾连食两大包,仍觉意犹未尽。而与我有同嗜的,古往今来多的是,且有不少赞美之词。比方说,清人郝兰皋便在《晒书堂笔录》中写着:"闻街头唤炒栗声,舌本流津。"可见糖炒栗子之味甚佳,令人难以抗拒,听声即垂涎。他接着又说:"及来京师,见市肆门外置柴锅,一人向火,一人高坐杌子,操长柄铁勺频搅之令匀遍。"此铁铲重达十多斤,用它翻炒栗子,不但要适时上下翻动,须炒到半熟,才能加饴糖,且栗子稍一裂开,得及时注入调好的糖液,始能恰到好处。

没有个三两三，就想过界赚钱，比登天还难哩！

另，河北省的青年男女，在新婚大喜的日子，老人们总会应景，在新人要盖的被子四角，缝上几颗糖炒栗子，由于栗子与"立子"谐音，故有衍宗、喜庆之意，是以洞房花烛之夜，新娘子一定要取出栗子吃了，借求"香火"永续。而用甘美的糖炒栗子，则寓有深意。因它香甜细糯的滋味，带着甜蜜蜜的作用，足以激发火花。

诗圣杜甫的诗中，虽有"山家蒸栗暖"之句，但炒栗的出现，应迟至宋朝或辽代时才有，此载于《老学庵笔记》及《辽史》中，距今超过千年。

前者为南宋大诗人陆游所撰。书中写故都（指北宋都城开封）李和的炒栗，名闻四方。他人千方百计仿效，终不可及。绍兴（南宋高宗年号，公元1131年至1162年）中，陈福公及钱恺两人出使金国，到了燕山，忽有二人持炒栗各十包来献……自称李和之子，随后挥涕而去。由此可知，糖炒栗子是种专门技艺，有其诀窍。想炒得好，得有本事。

后者是辽帝有次垂询彰愍宫使萧罕嘉努，问："卿在外多年，曾听过什么异闻否？"萧罕嘉努回奏："臣只知炒栗，小的熟了，则大的还生；大的熟了，则小的必焦。要让栗子大小都熟，才算尽善尽美，其余就不知啦！"萧罕嘉努掌管栗园，故借此以讽朝政。经今人的考证，这一个栗子园，位于河北省房山县（今北京市房山区）的良乡镇。当下良乡炒栗，早已播誉中华，它能大名鼎鼎，足证其来有自。

糖炒栗子一味，当然用人工炒的才好吃，始有"柔润香糯，其味如饴"的感觉。火候尤为关键，一旦不足，便有"僵粒"，难剥而且夹生；如果太猛，又会出现"爆粒"，干瘪同时焦硬，食来不是味儿。目前市面所售，大半用机器炒制，栗子则由韩国进口，颗粒固然不小，难剥还会糊皮，可谓大而无当，实在一无可取。

我喜欢清人富兰敦崇《燕京岁时记》中的这段话，"栗子来时用黑砂炒熟，甘美异常。青灯诵读之余，剥而食之，颇有味外之味"。也有人说过，糖炒栗子最适合搭配的，就是竹叶青酒。我曾经试过，绝佳。诸君如有兴趣，不妨一试。

生津却暑果子干

　　早在唐、宋时期，凡是糕饼、点心，以及干鲜果品，一律称为"果子"，而今中国北方，仍沿用此名称，但是知者已少。反而现在日本，将之发扬光大，名之为"和果子"，不仅通行东瀛，即使宝岛台湾，亦常现其踪影。

　　约一个世纪前，北京干果子店，由山西人经营，号称"山西屋子"，各种干货果子，在此莫不备齐。其最出名的干果有三，分别是杏干、桃脯、柿饼。柿饼由鲜柿制成，而它在制作之时，将柿子去皮压扁，放在通风向阳处，日晒风吹到半干，再放坛子里压实，等到已生满白霜，便把它一一取出，用麻绳穿起来，经过压紧工序，就成串串柿饼。当时山东曹州所产的柿饼，又叫耿饼。品质之优，驰名华北。北平卖"果子干"的，无不以此为号召，至于是否为真货，且确实别有滋味，倒未听人品评过，在此就阙而弗录。

以往卖杂货的小贩，都会沿街吆喝，吸引顾客前来。卖"果子干"的则不然，纯粹用铜盖敲出声，他的手法特别，以一只手托着一对小铜碗，用拇指夹起上面的碗，一再向下敲打，发出节奏声响，据说敲得好的，尚有各种变化，清脆昂扬有致，可惜没有听过，不免稍有遗憾。

由于果子干制作容易，因而这款夏季甜食，北平的水果摊，差不多都有卖。虽只是把杏干、桃脯、柿饼泡在一起，接着用温水发开、撕片，就算大功告成啦，但它巧妙处，却各有不同，调好的汁液，既不能太稀，也不能太稠，以往用冰镇，现则放冰箱。到吃的时候，据已故食家唐鲁孙的说法，"在浇头上，再切上两片细白脆嫩的鲜藕，吃到嘴里甜香爽脆，真是两腋生风，实在是夏天里最富诗意的小吃了"。

一代大厨屠熙，年少长于北京，擅制各式点心，像奶酪、山楂糕、豌豆黄、八宝粥等，手到拈来，皆是妙品。当他主持台北市光复南路上的"荣华斋"时，我常去购买京式及苏式点心，彼此相熟后，聊起夏季甜食，他对于"果子干"，似乎情有独钟，曾经露过几手，吃得十分开心。他又说北方有句俗话："七月红枣八月梨，九月柿子赶上集。"因此，他制作的果子干，在拌匀各料后，除原先的藕片外，会另外加新世纪梨的梨片，以及新上市的脆柿片。经过这番改造，才会冷香凝玉，食之沁人心脾。我爱煞此尤物，每回享用完毕，总是齿颊留芳，觉得意犹未尽。

最后一次品尝屠老爷子的"果子干"，是在士林一陋巷内，老人家已风烛残年，守着一个小店，在饮食名家翁云霞的提调下，与食家逯耀东夫妇共进晚餐。席上另有咱家四口，留下不尽回忆。当最后一道的"果子干"端上桌，小女年方四龄，眼睛为之一亮，一再又起送口，吮甘浆食蜜肉，洋溢满足神情。而此时的"果子干"，又另添加苹果片，丰富多彩够爽，微酸吊味，十全十美。

屠熙不久仙逝，幸喜此一绝活，传授给"全聚德"，该店后来易名，现则叫作"宋厨"，成为筵席后的终结妙品，但得事先预订，才能如愿品享。我在此又尝数次，每当此点上桌，念及前尘往事，思之颇为伤感。

清真美点爱窝窝

　　日本的和果子，我偏爱食"大福"；在客家点心中，则喜欢吃麻糬。究其实，它们皆来自西域，早在元朝即有，当时称"不落夹"，到了明代中叶，不仅盛行宫廷，而且流传民间。前者如太监刘若愚所撰的《酌中志》，其"饮食好尚"篇即言："初八日，进'不落夹'，用苇叶方包糯米，长可三四寸，阔一寸，味与粽同也。"后者则见于《金瓶梅》，是一款称谓奇特、形制精巧的清真风味小吃。

　　《清稗类钞》中记载："以糯米饭夹芝麻糖为凉糕，丸而馅之为窝。窝，即古之'不落夹'是也。"这一窝窝小食，本名叫"爱窝窝"，后来谐音省写，竟成了"艾窝窝"。据清人李光庭《乡言解颐》上的说法，爱窝窝全名为"御爱窝窝"，其由来乃"窝窝社，小茶馆兼卖点心者。窝窝以糯米粉为之，状如元宵粉荔，中有糖馅，蒸熟，外糁薄粉，上作一凹，故名窝窝……茶馆所制甚小，曰爱窝窝。相传明世中宫有嗜之者，因名御爱窝窝，今但曰爱而已"。原来其上有一凹，故名窝窝，后因做过御膳，曾因帝后喜食，因名"御爱窝窝"，后来年代久远，成为市井小食，就变成"爱窝窝"了。

而制作爱窝窝时，先将糯米洗净，浸泡六小时到一天（视陈米和新米而定），沥尽水分，即上笼用旺火蒸，至烂糊取出，再浇入开水浸泡"吃浆"。接着捞出再蒸，以木槌捣烂成团待凉。另把大米粉蒸熟放凉，撒在案板上，取糯米团和大米粉揉匀，揪剂摁成圆皮，内包各种馅子，白糖、玫瑰、核桃仁（亦有用瓜子仁者），白糖、山楂，白糖、芝麻，冰糖、桂花、青梅，以及各种澄沙，等等。包好之后，放入江米（即糯米）面（即粉）中滚一下，上面蘸满干面，表面雪白一层，状如欺霜傲雪，十分干净好看。再置于浅盘中，形似球，白赛雪，像煞雪上滚霜，吃时拿在手中，口感清爽柔韧，妙在不会沾手。

署名雪印轩主的《燕都小食品杂咏》，咏爱窝窝云："白粉江米入蒸锅，什锦馅儿粉面挫，浑似汤圆不待煮，清真唤作爱窝窝。"诗后自注道："爱窝窝，回人所售食品之一，以蒸透极烂之江米，待冷裹以各式之馅，用面粉团成圆形。大小不一，视价而异，可以冷食。"基本上，其所言不差，只是爱窝窝从来不吃热食的。

以往在北京城，爱窝窝必于元旦起卖，早已成为惯例。售者多为回民，或执长方木盒，或推小车叫卖。前者放几个捧盒，内有不同的馅，现吃现包，以示新鲜。后者则卖现成品，其货色较丰，除爱窝窝外，尚有蜂糕等物。是以蔡绳格《一岁货声》的爱窝窝条注云："清真回教，挎长方盘，敲小木梆，必于初一开张。红白蜂糕，枣窝窝、糖窝窝，白糖、芝麻、澄沙，三样爱窝窝、江米黏糕。"沿街叫卖，其声不绝，成为一景。

品尝爱窝窝时，不可囫囵吞枣，分成三口为佳。第一口以皮为主，带少量馅，品江米清香，带点馅儿味；第二口为"中段儿"，乃精华部分,尝不同馅儿;第三口则是尾声，皮及馅比例，视第二口而定。三口中各有不同，有期望，有满足，有回味，达到此一境界，方是饮食艺术。

冰糖葫芦花样多

　　我在读大学前，住过很多地方，小学读了三所，高中也是如此，几乎都在台湾省中、北部，中部者尤其多，有台中、雾峰、员林、虎尾等，北部则有基隆、宜兰、台北，像煞吉卜赛族。这二十年中，常逛各地夜市，所至之处，都有个一两摊点专卖冰糖葫芦，小时候嘴馋，会望之垂涎，曾吃过不少，现因血糖略高，久不作此想矣！

　　冰糖葫芦简称糖葫芦，又叫葫芦儿，以北京为正宗，天津叫糖炖儿，上海则称糖山楂。它虽品类繁多，但山楂所做的，最受大众欢迎。

　　每年冬至到春分，北京的名店"信远斋"，便开始卖冰糖葫芦，它最大的特色，在于别家的山楂，都是一大串，它家却是用牙签签着，每果各自单独，硕大无疵，而且干净，甚为别致。不过，它有两种做法，例开风气之先，一种是将红果（即山里红、山楂）剖开或轻轻按扁，先串成一串，外面薄贴一层黑豆沙，豆沙上再镶嵌梅花点的瓜子仁，接着再裹糖液，远远望去，红黑白三色相间，好吃中看，格外诱人。另一种是将红果去核，中夹一块核桃仁，再裹以糖汁，这样吃起来，不酸牙，有层次，富口感。

基本上，老北京的冰糖葫芦分成两种。一种用麦芽糖，当地话是糖稀，可以做大串山里红的，特大号的长达五尺多，新年厂甸卖得最多。另一种用糖和了粘上去，冷了之后，白汪汪的一层霜，别有风味。此种糖葫芦，薄薄一层霜，透明雪亮。材料种类甚多，诸如海棠、山药、山药豆、杏干、葡萄、橘子、荸荠、核桃等，但以山里红最脍炙人口。（以上参见梁实秋的《雅舍谈吃》）

究其实，除了又甜又凉、又脆又酸的山楂外，煮熟的山药豆、山药、榅桲、橘子、红果夹豆沙等，亦是常见的食材，各有其追随及爱好者。

制作山楂糖葫芦时，先把山楂洗净，再将里面果核，以铁签子捅干净，接着用一尺来长的竹签，逐个穿起来，每七八枚穿一串，谓之一根。然后以铜锅熬白糖或冰糖成糖饧，其侧放一块光滑如镜的石板，上面涂一层香油（即芝麻油），再把串好的山楂，置热饧中一蘸，整整齐齐的摆石板上晾凉。此际的糖葫芦，都被糖衣包着，晶莹透明耀眼，十分诱人。

台湾夜市里的冰糖葫芦，山楂用小粒焦梨替代，或将梨、苹果、柿子切块，或用圣女小番茄（其内亦有镶乌梅者）、草莓等，在灯光照耀下，五彩缤纷，望之美不胜收。

曾吃过简易版的糖葫芦，将各式水果，小的用整粒，大的则切片，蘸上冰糖汁，置一块涂了香油的玻璃板上，放进冰箱冷冻，待取出后再食，又甜、又凉、又脆，不拘冬天夏日，都可轻易品尝，真是无比幸福。

从前的冰糖葫芦，是冬令食品，夏天吃不到，也没办法做。《燕京岁时记》在记京师食品时，十月记到冰葫芦，并云："甜脆而凉，冬夜食之，颇能去煤炭之气。"但在宝岛台湾，四时皆可品尝，在夜市逛一逛，每有意外收获。

我爱食桂花糖藕

这个饭后点心，也可当成零食，风行大江南北，而且老少咸宜，不仅随处可见，甚至传入宫廷。其风味究竟如何？且听散文大家梁实秋怎么说。

他在《馋》这篇文章中，如此写着："我小时候，早晨跟我哥哥步行到大鹁鸽市陶氏学堂上学，校门口有个小吃摊贩，切下一片片的东西放在碟子上，洒上红糖汁、玫瑰木樨，淡紫色，样子实在令人馋涎欲滴。走近看，知道是糯米藕。一问价钱，要四个铜板，而我们早点费每天只有两个铜板。我们当下决定，饿一天，明天就可以一尝异味……糯米藕一直在我心中留下不可磨灭的印象。后来成家立业，想吃糯米藕不费吹灰之力，餐馆里有时也有供应，不过浅尝辄止，不复有当年之馋。"文字并不长，却有真性情，读之颇有味。

早在清代时，北京的什刹海等地广种荷花，其荷花市场的八宝莲子粥、江米藕（即糯米糖藕）尤负盛名，以"会贤堂饭庄"所制者，公认最为可口，但一般的小贩，在出售江米藕时，会身挎个椭圆形木箱，吆喝着"江米——哎藕"，吸引游客购买。当有人买时，小贩便在案板上，将江米藕切成薄片，并放入盘内，撒上些白糖，浇上些桂花卤，食者则拿竹叉子叉着吃，饶有情趣。有诗赞曰："江米填入藕孔中，所蒸叫卖巷西东，切成片片珠嵌玉，甜烂相宜叟与童。"即是其具体写照。

著名红学专家周绍良，是个会过日子的人，他在《馋余杂记》里写道："逛什刹海吃了莲子粥后，似乎还不能尽兴，又碰着卖江米藕的，不妨再来一碟点缀点缀。江米藕在南方，本是极其平常的东西，一般家庭在早点里都有它，可是在北京却成稀罕物儿，尤其在什刹海荷花市场，一些赶景的，总要买一碟来应应景。"

此藕物美而廉，他接着写说："这一小碟不过十几文钱，价钱是极其便宜的。不过，北京人总喜欢这应景地方，慢慢地品尝着，消磨这长夏永昼，这一小碟可以吃到夕阳落山。"这样的小确幸，倒也从容自在。

在我的故乡（江苏省靖江市），管它叫"糖藕"，小时常看家母制作，略知其详，其制作之法如下：用肥藕一段或数段，将每段在两端藕节部位，用刀分切成小段，接着在每小段较肥大之一端，切下一小节，取洗、浸过之糯米，灌入其每一藕孔内，再用筷子插入藕孔，把糯米塞满，并将切下之小藕节，配其上作盖，以篾丝或牙签插牢，使米不外漏。然后置釜中，用红糖加水烧煮，俟其软烂，加入桂花，切片食之。这是咱家饭后点心，有时是家父饮酒时的清凉配菜，其滋味之佳美，非外馆所能比肩。

爱新觉罗·浩撰写的《食在宫廷》,在"江米藕"一节指出："此菜宜冰镇后食用。制作时一定要将藕孔填满江米，否则蒸后切片时藕片上的江米参差不齐，既不美观又不适口。"此乃知味识味之言，绝不可以等闲视之。

金风送爽桂花栗

秋老虎连续发威，甚盼"天凉好个秋"，品尝心仪的桂花栗。这个绝妙的组合，结合了一花一果，竟造就无上美味，而且能变化万千，算得上食林一奇。

它本是时令佳馔，当中秋月明之际，桂花阵阵飘香，栗子结实饱满，两者得自意外，且成千古名菜，自然而然当中，引出一段佳话。

相传唐天宝年间，有一个中秋明月夜，杭州灵隐寺火头僧德明，正轮值烧栗粥，供合寺僧众消夜。巧逢秋风一起，无数桂花飘落，大家吃过粥后，都夸清香扑鼻，味道更胜于昔。德明十分好奇，在几番探究后，终于解开谜底。从此之后，加桂花的鲜栗粥，遂成为该寺名点，专供往来宾客食用，大受人们欢迎。

此粥再经厨师改良，加入西湖藕粉，并将粥改为羹，于是桂花芳香、鲜栗爽糯以及羹汁浓醇，全部融为一体。滋味清甘适口，比原先的更好，因而流行江南。目前江苏常熟虞山的"桂花栗子羹"尤知名。它在制作上，以常熟的桂花栗子，重糖煮酥，藕粉勾芡，添些桂花，煮成即食。而在品尝之时，栗酥嫩而不化，汤味厚且不浊，具浓郁的桂香，于甜美之外，带鲜洁之味，有独特之妙，令众口交誉。

这道甜品所用的桂花栗，出产于风景秀丽的虞山，据《常熟指南》的记载："顶山之栗，质软而若香囊，自古著名。其嫩时剥而食之，犹带有桂花香也。"

至于此栗子何以带有桂花香，共有两种说法。其一是丽质天生，本身即有桂花香味，以致满口桂香。其二为虞山的兴福寺一带，惯把栗树和桂树混栽，每届中秋时节，桂花盛开，浓香扑鼻；此际栗子亦成熟，在采收时节，一树桂花香，一树栗子黄，能相辅相成，且相得益彰。于是有人表示说："桂香催熟了栗子，也沁进了栗子肉内。"这款独特而味美的桂花栗子，既能生吃，亦可熟食。生食香甜脆嫩，而煮熟了再吃，则甜糯细腻，各有其美妙之处。

话说回来，杭州西湖的桂花，一直都是名产，早年烟霞岭下翁家山所产者，尤为远近知名。其中的满家弄一地，不但桂花特别地香，而且桂花盛放，正值栗子成熟，桂花煮栗子这道小点心，因而成了路边小店的无上佳品。浪漫诗人徐志摩嗜食此味，曾告诉散文大家梁实秋道："每值秋后必去访桂，吃一碗煮栗子，认为是一大享受。有一年去了，桂花被雨摧残净尽，便有感而发，写了一首诗，名'这年头活着不易'。"这寥寥数语，挺有意思的，耐人寻味啊！

总之，区区个桂花栗，惹来无数题材，引发不尽遐思，且说句实在话，全为味外之味，越探越有味儿，而且余味不尽。人生也唯有如此，才过得有滋有味，不但提升精神层次，同时足以适口惬意，于满腹骈怀之外，并潇洒地走一回。

甜年糕深得我心

糕类食品叫"粿"的，不光只有台湾，据我所知，江西人士也叫"粿"。每年一到春节，它一跃变要角，其原因无他，纯为口彩好。毕竟，年年"高"升，哪个不爱？

犹记小时候家住员林、雾峰时，每逢过年，家家户户莫不各显身手，磨制不同种类的年糕，妈妈亦是个中好手，所制甜年糕、萝卜糕、发糕等物，无一不佳，而今回味起来，仍会吞咽口水。只是当时的名称叫"挨粿"，不是"年糕"。

而当年磨年糕的石磨，是一种以上下为一组，中有轴，上座之侧有一眼嵌木柄的器具。在制作时，将米与水，倾入其上座顶上的孔内，靠着人工推动木柄转动上座，米浆则顺着石磨上的沟槽流转，流进"粿袋仔"内。儿时童心颇盛，还常义务劳动。不过，挨粿的方式与景象，早被电动挨粿机所取代，已成广陵绝响。曾在一些庭园中看到石磨，竟成了装饰品，不由发出今夕何夕之叹。

依稀记得米浆，由于糕的不同，以致性质有异。像制作菜头粿（萝卜糕）、芋粿（芋头糕）时，须用质硬的在来米，效果才好，但做甜粿（甜年糕）、菜包粿时，非得用糯米，或在糯米中，掺杂些许的在来米（有人用蓬莱米），其口感才棒。此外，过年做粿的时间，大都集中在腊月的二十四日至二十六日之间。

事实上，台湾在农历年应景的粿类还真不少，有甜粿、菜头粿、包仔粿、发粿等，均有其特殊意义，比方说，甜粿压年，菜头粿好彩头，包仔粿剩多金，发粿发财等。

甜粿的做法，是以糯米磨成的米浆拌砂糖蒸熟，呈土红色，如混以白砂糖则呈浅咖啡色。考究的人家，还添加红枣、红豆、花生仁等甜料，象征喜庆。其吃法有四：可蒸、可炸（裹蛋黄拌面粉）、可煎、可切片包咸菜吃。风味各殊，且以第四种吃法最特别。

菜头粿是先以在来米磨成米浆，再混合萝卜丝或萝卜汁蒸熟即成。包仔粿类似馒头，内馅可甜可咸，通常是包豆沙馅、菜馅及肉馅。至于发粿，则是用在来米的米浆，加入砂糖和发粉使其发酵，再予蒸熟而成。其顶端常如花绽放，且状貌似蛋糕，适合直接取食，如放的时间长些，再经煎或蒸或炸，亦有别样滋味。

在此须声明的是，煎各式年糕最忌煎焦，不仅其口感差，且"焦"与闽南语"干"[1]谐音，口彩更糟。

我从小爱吃甜年糕，但这种甜粿，和北方在蒸熟后又黄、又黏、又甜的"黍糕"不同。如按明崇祯年间刊刻的《帝京景物略》一书之记载，当时的北京人，每于"正月元旦"就要"啖黍糕，曰'年年糕'"。假使推测没错，此"年年糕"应由"黏黏糕"的谐音而来。

位于苗栗的"九鼎轩"，其手造客家米食，远近驰名。制作精细，小巧玲珑，口味道地，滋味甚佳。平日供应的有六款，分别是黑糖米糕、麻糬、艾草粄、黑糖发粄、红豆粄、月光饼。均素食，各有其风味，我尤钟红豆粄。其中的粄，即是闽南人所说的粿，都可充作年节食品。在此要提醒各位，其各类米食制品，皆未放防腐剂，须趁新鲜快啖，不能稍有差池。

然而，店家一年仅做两次的甜年糕（仅过年及中秋才供应），亦深得我心。入口清甜不腻，质地极其细柔。其软绵绵、甜蜜蜜的触感及口感，让人味蕾齐放，感觉向上提升，不于中秋时节拈来细品，只得枯等至年关了。

1　赤贫之意。

懒残芋大有风味

南宋大诗人范成大，有次和朋友相约时，心中想望的情景，居然是共煨芋头，并写道："去矣莫久留桑下，归软来共煨芋头。"其实，特爱吃煨芋头的，自古即不乏其人。像明人屠本畯的《蹲鸱》诗，即有"地炉文火煨悠悠""须臾清香户外幽"之句，读罢令人神往。

一般所谓的煨，是把食材先行处理，埋在有火的灰中，利用火的余热，使它慢慢成熟，可品尝其原味，且带特有芳甘；或将食物放进锅里，下面以小火慢烧，或使它熟透，或炼出浓汤，以方便进餐。而在火灰中，又以燃木屑及燃稻壳这两种最为常见，滚烫在手，剥而食之，此中之乐，无穷无尽。

在中国历史上，最有名的煨芋头，出自于方外，故事精彩万分，值得一再玩味。

话说唐玄宗时，有一僧人因"性懒而食残"，乃自号懒残，人尊称"懒残师"。某年冬天，他在衡岳寺中，用干牛粪燃火，煨芋头于其中，有人召唤，他不出迎，还说："尚无情绪收寒涕，那得工夫伴俗人？"吃到尽兴之处，连鼻涕都不揩，懒得去见权贵，想必那个滋味深得其心。

　　其实，有一山人亦好此道，且乐在其中。曾撰诗一首，诗云："深夜一炉火，浑家团栾坐，煨得芋头熟，天子不如我。"试想寒冬时分，生起一个炉火，全家坐成一圈，芋头煨熟后，逸出浓香而烫，边剥边叫手疼，趁热蘸盐入口，吃得浑身暖透，那情趣和滋味，即使贵为天子，亦无此中情境啊！

　　芋头有大有小，欲品尝煨芋头，应选小者为佳，取其方便剥食。先君酷食芋头，尤其是小芋头，家母常备此物，置电饭锅内蒸熟，盛于大瓷钵中，必备两碟蘸料，其一是白砂糖，另一则是酱油，其上必有葱花。我们父子二人，一边剥一边吃，同时闲话家常，天南地北，无所不包，我从中得益甚多，至今仍回味不尽。

　　先君谈起往事，忆昔寓居上海，每到金秋时节，小贩提着篮子，串走街巷之中，拉长脖子吆喝："火烧毛芋芀噢！"只要几文铜板，即可买得两个，当街剥皮蘸盐，或充饥或解馋，洋溢着小确幸，这已是一甲子以上的事儿了。而今我在夜市里，偶尔看到煨好的小芋头，也会买些回家中，和太太一起分享，并聊些有的没的，很有意思。

此外，家乡有款甜食，甚受人们欢迎，此乃"桂花糖芋苗"，在小店肆食用。但见一碟上桌，裹着糖汁的芋苗，晶莹似玉弹银珠，点缀着金色桂花，馨香四溢，中看中吃。其妙在芋酥而糯，煮法尚称简易，可以经常受用。

比较起来，"葱烧芋苗"更得我心，台湾的江浙及上海菜馆，常充作小菜用，我最爱的两家，分别是"浙宁荣荣园餐厅"和"冯记上海小馆"，前者的"葱烧芋苗"酥糯松香，后者滑似龙涎，一与葱花遇合，色泽青中带紫，或作乳白洒青，可谓各臻其美，令我爱不释口。

油茶味美难比拟

在所有的油茶中，最有名的，莫过于武陟油茶，其历史甚为悠久，距今超过三百年，因为食材的关系，又称为果子油茶。相传清雍正年间，皇帝为防黄河水患，亲临河南省武陟县，登堤监工筑坝。地方达官显贵，无不四处奔走，搜集山珍海错，希冀皇上垂青。当时的县令吴世禄，深知皇上节俭，为了投其所好，精制一款汤食，此即油茶之始。雍正饮罢大悦，重赏了吴世禄。此事一经渲染，油茶声价陡昂，现已成洛阳迎宾馆"地方早茶"的高级汤食。

另一说是雍正继位后，曾去武陟巡视河防，县令吴世禄抓住机会，努力巴结，款待刚登基的"万岁"，苦心备办食品，有位厨子制毕，县令献上油茶，皇帝赞叹不已，下令予以重赏。此说截至目前，和前一说有相近处。但接下来的是，吴大人别有图谋，选在武陟县城的西大街，开起了油茶作坊，并令其夫人掌管经营，精益求精。除每年进贡外，还利用此一金字招牌，广为招徕，发了一笔横财。而今食者如堵，甚至是远在西欧的中国餐馆，也打着"中国油茶"之名义，招揽四方拥至的食客。

基本上，这款武陟小吃，为早点、宵夜的流质食品，以香油炒面粉，加多种配料与调味料制成。质地稠浓，香气馥郁，入口滑顺，余味不尽，颇具特色。

在制作时，先将芝麻仁炒成黄色，去皮的油炸花生米及胡桃仁分别擀碎；接着将八角、花椒、丁香、草果、肉桂、陈皮、良姜和小茴香均磨成细粉；再把干面粉或玉米粉上笼蒸透，晾凉后拨散，且用箩筛过，并用香油炒成浅黄色；放入擀碎的芝麻仁、花生米以及香料粉、盐，最后与炒面粉拌匀即成。

而在品尝时，食用方式有二，分别是开水冲食及煮食。

前者是油茶铺的经营方式。将油茶面先以少量温水搅拌成面糊，再用滚水冲入，边冲边搅动，直到成稀糊状，即可食用，现吃现冲，香气扑鼻。

后者则是用清水把油茶面潵成稠糊，下入沸水锅内，再搅成稀糊状，待其煮沸之后，即盛入外边有保暖设备（特制棉被）的油茶壶中，食时从壶嘴倒入碗内即可。这乃走街串巷背着油茶壶叫卖者的经营方式，后来凡摆摊、设点者，多以此法经营。天寒地冻时节，缩颈而啜油茶，一乐也。

油茶面日后加以改良，逐个包装成袋，作为方便食品，远销至东南亚一带，颇受华侨的欢迎。

而今科技进步，包装上更讲究，竟做成随身包，方便随身携带，开水一冲即饮，除早点、宵夜外，当成是下午茶，也是得其所哉！

果子与熟水齐补

　　而今台湾各地，尤其在都会区，人们特重养生。早上的第一餐，通常是果菜汁，加上些许干果，亦兼用葡萄干，盼能元气满满，展开一日之计。或谓此法是由西方传来，其实中国古已有之，经推测其年代，应在北宋之时。

　　当时的"饮食果子"，盛行于通都大邑，名目及花样均多。或将一般果品加工，制成各式各样干果，如旋炒银杏、干炒栗子等，即是最热门的点心；或做成现今的蜜饯，名"蜜煎香药果子"，如蜜煎干柿即是。而这些果子，在大街小巷，或街坊邻里，率由商贩兜售，甚至强行推销。据《东京梦华录》记载，"又有卖药或果实萝卜之类，不问酒客买与不买，散与坐客，然后得钱，谓之'撒暂'。如此处处有之"。当下古风尚存，常见于小饭馆，或是夜市餐厅，但所售者不同，多半是口香糖。

其实，宋代饮食花色种类之多，确为历代所罕见的。从署名孟元老（一称本名孟揆）的《东京梦华录》到周密的《武林旧事》，均载有大量饮食内容。之所以会如此，主要是南、北宋之时，与域外特别是海外的交通十分发达，香料药物，充斥市面。于是社会风气，不仅喜好香药，同时讲究食药，号称"香山药海"，由此亦可见其竞相奢靡之风。

"药膳"非自宋代始，却由其发扬光大，通常最流行的，有"决明汤羹""紫苏鱼"等。而最大的习俗，则是喝"熟水"，到处有得买。据说有行气理气、健脾开胃之功效。人们一早起来，往往先喝一碗，借以疏肠利气。是以朱彧在《萍洲可谈》提及："今世俗，客至则啜茶，去则啜汤。汤取药材甘香者屑之。或温或凉，未有不用甘草者。此俗遍天下。"按：当时的茶，是指"擂茶"；"汤"则是所谓"熟水"，可见已经成为待客的一般饮料。

不但民间如此，公家机关亦然。依《寿亲养老新书》的说法，"前朝太医院定熟水，以紫苏为上，沉香次之，麦门冬又次之。（紫）苏能下胸膈滞气，功效至大"。然而，元人李鹏飞不以为然。他针对滥用"熟水"，提出中肯批评："世之所用熟水品目甚多，贵如沉香则燥脾，木骨草则涩气，蜜香则冷胃，麦门冬则体寒，如此之类，皆有所损。"何况那"紫苏汤"，"今人朝暮饮之，无益也"。其原因是紫苏虽能下气，但"久则泄人真气，令人不觉"。足见进补是否受益，端视个人体质而定；

261

同时"过犹不及"，不分早晚，长期进食，久而久之，势必伤身。目下的一些营养液，基本上亦作如是观。

讲句老实话吧！一大早空腹时，就饮杯果菜汁，即使是现打的，应非养生之道，胃寒者更如此。吃些干果打底，效果或许好些。谨献刍荛之见，恳请十方大德，幸而有以教之。

止咳化痰疗妒汤

　　《红楼梦》第八十回"美香菱屈受贪夫棒，王道士胡诌妒妇方"，内容相当有趣。话说贾宝玉病愈后，到天齐庙烧香"还愿"，当家的王道士作陪。这王道士擅熬膏药，人又很会开玩笑，有诨号叫"王一贴"。宝玉问道："我问你，可有贴女人的妒病方子没有？"王一贴道："贴妒的膏药倒没听过，倒有一种汤药或者可医，只是慢些儿，不能立竿见影的效验。"宝玉道："什么汤药，怎么吃法？"

　　王一贴接着说："这叫作'疗妒汤'：用极好的秋梨一个，二钱冰糖，一钱陈皮，水三碗（同煮），梨熟为度。每日清晨吃这一个梨，吃来吃去就好了。"他又解释道："这三味都是润肺开胃不伤人的，甜丝丝的，又止咳嗽又好吃。吃过一百岁，人横竖是要死的，死了还妒什么？"说得宝玉、茗烟都大笑起来了。

中国文学名家、也是美食大行家的端木蕻良，曾从《红楼梦》美食，进一步研究《红楼梦》食疗，指出曹雪芹本人，是懂得食疗的，借着小说人物，解释食疗之道。而这个"疗妒汤"，便是其中之一，值得深入探讨。

梨有多种，中国产者，以天津鸭梨、山东莱阳梨及白色雪梨三种，最富津液。天津鸭梨古名鹅梨，其近蒂处，形如鹅鸭，故有此名。色黄皮薄，气香肉脆，汁多而甜，食之少滓，名闻东亚。山东莱阳之梨，肉质柔软，充满浆液，较天津梨尤多，但其香气不及。雪梨色白如雪，肉细汁多，味甜如蜜，皆梨之上品。更有一种小型梅梨，味略带酸，肉质酥软，亦甚可口，产于江浙。王道士之"疗妒汤"，用的应是此梨。

此外，日、韩所产之梨，虽不及中国之梨，但食味亦甚佳，可以制作此汤。

梨性甘寒，能生津止渴，乃天然甘露。《本草纲目》指出，它能"润肺凉心，消痰降火，解疮毒、酒毒"。又，伤风感冒之后，常会痰咳不愈，此时可用川贝二钱，桔梗二钱，杏仁五钱，胖大海一钱，与梨一只同煮，服之可止。此为民间验方，颇有参考价值。然而，平素体质虚寒或脾胃虚弱者，就不宜多吃梨。因其"性寒"，食后会增加"内寒"，反而不利健康。

所谓冰糖，是以赤砂糖熬炼而成的再生物，比较名贵。其性甘平。据《随息居饮食谱》的说法，它具有"润肺和中，缓肝生液，化痰止嗽，解渴析醒"的作用。

至于陈皮，即是橙皮。其性甘辛，能化痰消食。味道甚香，愈陈愈佳。切细可入烹调，以辟鱼肉腥臭，广东所产尤多，故粤菜常用来调味。另，药用之广皮，乃橙皮之一，具美容生津之功。

在古代的社会，以大男人心态，认为女人善妒。其实，此乃人性，非关男女。所谓疗妒云云，不可专指女性。然而，平日常饮此汤，大抵有益无害。我曾在"炼珍堂"所推出的"红楼梦宴"中，数度品尝其"疗妒汤"，皆清鲜馨逸，微甘味美，食罢津津，好生难忘。

止渴生津酸梅汤

望梅可以止渴。一旦口渴难挡，且逢炎日酷暑，首先会想起的，必然是酸溜溜、甜蜜蜜且凉冰冰的酸梅汤。

此一夏令饮料及解渴妙品，它的历史悠久，可追溯到周朝，当时已具雏形。依《礼记·内则》记载："浆水醷滥。"根据郑玄注释，这个名"醷"的浆，即是一种梅浆。而这一以梅做成的饮料，主要供天子和贵族们饮用。

南宋之时，梅汁已出现于市面上。例如《武林旧事》中，记杭州的"诸市"里，已卖一种凉水，称之为"卤梅水"，此近于目前的酸梅汤了。到了元代，正式出现"白梅汤"，见于太医忽思慧的《饮膳正要》一书，认为它可以"治中热（即中暑）、五心烦躁、霍乱呕吐、干渴、津液不通"。同时期的《居家必用事类全集》里，则有"熟梅汤"和"醍醐汤"。前者为用节气过小满后黄熟略苦之梅，所制成的汤饮；后者则用乌梅与蜜作主料，妙在能"止渴生津"。

明代高濂《遵生八笺·饮馔服食笺》收录的汤品，其种类繁多。与梅有关者，有以黄梅为主料的"黄梅汤"；有以青梅为主料的"青脆梅汤"；还有以乌梅为主料的"醍醐汤""梅苏汤"及"凤池汤"。另，"凤池汤"专用梅核制作，或煎成膏，或焙干为末，设想新奇，出人意表。

元、明的说部内，都提到了"梅汤"，制法应该有别，重点亦不尽同，但男主角则一，全是写西门庆。

元、明之际成书的《水浒传》，第二十三回写西门庆遇潘金莲后，神魂颠倒，乃央求间壁茶坊的王婆设法。王婆道："大官人吃个梅汤。"西门庆道："最好多加些酸。"由此可见，当时的梅汤可以现做，而且其甜、酸味，可以随意调配的，故王婆做好之后，随即递予西门庆。

而《金瓶梅》里的梅汤，滋味似乎更胜一筹，第二十九回载，西门庆手拿芭蕉扇子，在花园内消夏时，教春梅做一碗蜜煎梅汤，放在冰盘内湃着。过了一会儿，春梅倒了一瓯给他。西门庆呷了一口，湃骨之凉，透心沁齿，如甘露洒心一般。这种"蜜煎梅汤"，其滋味与当下的"冰镇酸梅汤"，基本上已相去不远了。

酸梅汤到了清代，正式定型定名，在首都北京城，搞出经营特色，不仅处处可见，而且老少咸宜。冰的取得方面，据《帝京景物略》记载:“立夏日启冰赐文武大臣。编氓(指平民百姓)卖者,手二铜盏叠之,其声嗑嗑,曰冰盏。”至于那酸梅汤,《晒书堂笔录》则说:“京师夏月,街头卖冰。又有手两铜碗,还令自击,泠泠作声,清圆而浏亮,鬻酸梅汤也。以铁椎凿碎冰搀入其中,谓之冰振(即今所谓镇)梅汤,儿童尤喜呷之。”

又,徐凌霄的《旧都百话》亦谓:“暑天之冰,以冰梅汤为最流行……昔年京朝大老,贵客雅流,有闲工夫,常常要到琉璃厂逛逛书铺,品品骨董,考考版本,消磨长昼。天热口干,辄以信远斋梅汤为解渴之需。”

清代文士歌咏酸梅汤的,一直不乏其人。我认为雪印轩主《燕都小食品杂咏》最为传神。其词云:“梅汤冰镇味甜酸,凉沁心脾六月寒。挥汗炙天难得此,一闻铜盏热中宽。”读罢,不觉津液汩汩自两颊出矣。

甜点逸品西米露

　　2015 年 9 月 3 日解放军大阅兵后，循例宴请各国嘉宾，其菜单已公诸于世，内容简单，不失派头。计有四菜一汤一饭，外加冷盘、甜点、饮料。姑且不论此菜色，甜点倒引起好奇，乃"椰香西米露"，关于其前世与今生，姑且在此详加论列，应是件有意思的事。

　　西米露是由西谷米制成。而这个西谷米，简称西米，一般分成两种。其一大如黄豆，称为"大西米"；另一小如小米，则叫作"小西米"。前者供食客用，后者则多喂鸟。

　　正宗的西谷米，英文名为 sago，产自印度尼西亚群岛的莎面树，是从西米椰子（sago palm）树干内储存的碳水化合物中，所萃取制作的食用淀粉。又叫沙谷米、沙菰米等。基本上，西谷椰子乃棕榈科常绿乔木，生长在低洼沼泽地，可高达十米以上，叶羽状似椰子，果实则大如李。树生长十五年成熟后，即长出一花穗，茎髓充满淀粉。因而人工所栽培的，在开花前采伐树干，截段，再纵向劈开，取出其精髓，加水并碾磨，遂溶于水中，经筛浆过滤，反复清洗后，得糊状淀粉，可直接加工，当晒成半干品，破碎再纳布袋，摇成细粒晒干，才算大功告成。如此，才方便长期储存和长途运输。

早在16世纪时，荷兰人占据印度尼西亚，将此物运往欧洲，起先用于制作布丁或酱料的增稠剂，后又当成纺织品的挺硬剂（民间称其为"上浆"）。另，南洋的华侨们，通过贸易途径，亦将此物带进了广州。广州的商人，再根据其发音，写作西谷、沙谷、沙菰；又因它为颗粒状，通称作西谷米、西国米、沙菰米等。最早多用于熬粥，后来则充作甜羹，广受食客们欢迎。

西米露随着港式饮茶盛行，亦充斥于台北各茶楼、酒楼及饭店中，成了时髦甜品，人们趋之若鹜。后来基于成本考虑，当时市面上所见的西谷米，往往以其他植物的淀粉制成。一般而言，加工厂会用木薯、小麦、玉米等淀粉，按一定比例混合加工制作。亦有大、小两种规格，虽然皆可供人食用，但在滋味上，就及不上了。尤其可恨的是，20世纪90年代后期，不少餐馆，竟改用可食用明胶加辅料制成"西米露"，口感即使也有咬劲，却远远比不上本尊手揉硬而不碎，煮后黏且不糊，望之光滑圆润，加上透明度高，弹牙爽口耐嚼的境界了。

煮西谷米亦有学问，宜先置沸水中煮到半熟，出锅倾入冷水漂浸，接着拨散颗粒，待其全部凉透，再放沸水滚熟。循此手续制作，可免外糊内生，导致口感不佳。

西谷米亦有疗效。中医认为它甘温性平，温中健脾，能治脾胃虚弱及消化不良等症。

而用椰汁搭配制成的西米露，堪称还原本来，收相得益彰之功。但我个人还是喜欢"蜜瓜西米露"和"西米布甸（丁）"，早年因缘际会，全在香港品尝。前者甘馥而隽，沁人心脾，后者则弹齿且润，耐人寻味。而今上品难得，思之不觉怃然。

消夏逸品紫苏梅

当下最流行的饮品，莫过于咖啡，以致咖啡店林立，就连便利商店，也来凑上一脚，以咖啡为号召。然而，在三四十年前，最盛行的去处，反而是茶艺馆，其备有的细点中，我特别爱紫苏梅，一次吃它两三个，爽得自家君莫管。

顾名思义，紫苏梅是由紫苏叶及青梅二者，经腌渍所制作而成的。紫苏为一年生草本植物，野生，亦多种于园圃。茎高三尺许，方形，具外逆之稀毛；叶作卵圆形，或广椭圆形，末端带尖，长二寸左右，边缘有锯齿，叶面紫红色多皱襞，有柄，皆对生，通体发一种芳香。凡八九月时，茎端及叶腋，皆生出三四寸长之穗，开白色或淡紫色之唇形花，小花缀为总状花序，萼五裂，果实细如芥子，亦有芳香味。其叶、茎和子，全可供药用。在日本料理中，常运用紫苏的叶、花及穗，既可充装饰用，又皆能生食。

另，紫苏叶为发汗、镇咳之良品，性健胃，能解热，亦利尿，辛味较重，善于发散。故古人谓苏者，乃舒也。尤其特别的是，它具防腐杀菌作用。细菌遇之，能限制其活动繁殖，在治疗传染病时，每与薄荷合用，除发汗以解肌表之热外，其制菌减菌之功，效果显著。

清代名医王孟英早见及此，在其旷世巨著《随息居饮食谱》中，写道："（紫苏叶）辛甘温。下气安胎，活血定痛，和中开胃。止嗽消痰，化食散风寒，治霍乱、脚气，制一切鱼肉虾蟹毒。气弱多汗，脾虚易泻者忌食。"至于青梅，他则指出："酸温。生时宜蘸盐食。温胆生津……多食损齿，生痰助热……亦可蜜渍糖收法制，以充方物。"而将梅与紫苏合为一体，首见于明人高濂《遵生八笺·饮馔服食笺》中的"梅苏汤"，云："乌梅一斤半，炒盐四两，甘草二两，紫苏叶十两，檀香半两，炒面（即面茶）十二两，均和点服。"所用的不是青梅，而是半黄后经烟熏的乌梅，因药用方面，以乌梅为良。

紫苏梅为苗栗县公馆乡的特产，与红枣齐名。由于台湾所产的紫苏，只是零星栽培，且集中于公馆乡，早年的中药铺，常以其叶入药，而主要的功用，一般人对其甚为陌生，以销日本为主，赚取一些利润。有人突发奇想，认为紫苏叶和青梅二者，同属碱性食品，有助于人体保持微碱性，进而维持身体健康，于是将性质类似，但形状有别之食材，凑合在一起，变成"紫苏梅"，并成为一特产。

公馆乡不产梅，便由邻近的大湖、东势运至。青梅的产季在暮春，紫苏叶收成于盛夏。通过公馆乡农会的腌渍池，先将青梅腌两三个月，再把紫苏叶腌上三四周，接着封罐销售，可供应一整年。成品经此淬炼，提高价值，绝对是好点子。

紫红色的紫苏梅，自然的调色调味，无色素及香料等，入口酸中带劲，且能消胀去积，大受食客欢迎，有人别出心裁，将它去核后，夹入馒头中，食之有异趣。而食剩的残汁，以冷开水稀释，当酸梅卤汁喝，自然多饮益善。

臭草绿豆沙一绝

20世纪20年代,正是广州饮食鼎盛之时,号称"食在广州"。而引领当时风骚的,乃江孔殷的"太史第"。江极精饮馔,为末代进士,曾点过翰林,人称"江太史",其所居之处,即是"太史第",以筵席著称。除聘大厨外,亦有一厨娘,早年专门制作点心,其后则烧制素席,有口皆碑,她名唤"六婆",有高超手艺。

据江孔殷孙女江献珠的回忆,六婆制作的点心类,起先有"斋扎蹄""斋鸭肾"和"甘草豆"等口果,后来扩而充之,像"大豆芽菜猪红粥""绿豆芽炒斋粉""杏仁糊""莲子百合红豆沙""臭草绿豆沙"等,都是府中小朋友的最爱,每每吃得不亦乐乎。

我太太是香港人,岳母极爱烹饪,煲汤烧菜做点心,都具甚高水平。岳父则善品味,喜欢寻觅美食,且因职务使然,得出入港岛餐厅、饭馆及大排档，是以熟稔港、澳佳味。追随着他们的脚步，遂略谙粤式菜点，甜品自然也在其中，"臭草绿豆沙"由于常享，因而能道其详。

所谓臭草，即鱼腥草，盛产于中国西南地区，其别名有"折耳根""则尔根"，既可生鲜食用，亦可于晒干后，再与它物煲汤。已故文学及饮食名家汪曾祺，曾形容其滋味，倒是十分传神："苦，倒不要紧，它有一股强烈的生鱼腥味，实在招架不了！"

臭草虽有臭名，其实它的气味，并不算是臭味。不过，若不习惯吃它，一时颇难入口。只是广府人士多数已吃习惯了，连小孩子也能接受。而且有些人士，认为煲熟的臭草，其气味实近于香，故亦有称香草者。

且看看此一臭草，其妙在凉血解毒，且是消除暑气的良药，民间救治"中暑昏迷"之类险症，会用多量臭草，原棵洗净之后，放入钵中捣烂，接着冲入滚水，滤去其内渣滓，频频给患者喝，即可消除暑气，且恢复清醒。

在炎炎夏日时，青年气血旺壮，不时散出热气，面部冒出暗疮，如果又多吃煎炸之品，如"炸双胞胎""煎堆"（炸芝麻球）之类，就有可能血燥、血热，皮肤出现非癞非疹的小颗粒，一旦猛抓，非但灼热，且生疼痛。为了解决此一问题，长居岭南的人们，每用绿豆、海带、臭草、片糖（即粗糖，其色黄，呈片状）煲糖水吃，具凉血解毒、清除热气、止痒治疗的功效。

但饮用此糖水者，须平素身体壮健，方可尽收其利益。若是寒底子之人，食罢会头晕眼花，如此则反受其害。

遥记三十年前，起初在香港岛湾仔的传统市场内，发现于其尽头处，有一摊专售此糖水，它用一大锅滚，自晨至暮不歇，煲到绿豆"糜烂而起沙"，海带结形存而欲化，不时逸出臭草馨香为止。据说对人体有清补作用，且能润泽脏腑。我每去必饮，且连尽数碗，感受其中之奥妙，犹如"习习两腋清风生"，真是好哇！

夏享冰碗乐融融

炎炎夏日，胃口全无，如果有个冰碗，享用各种时鲜，再加干果助阵，确能顿消暑焰，脾胃随之而开。

据食家唐鲁孙的回忆，老北京西北城的什刹海，"长夏将临，绿荷含香，芳藻吐秀，商贩云集，立刻辟为荷花市场"，其后海附近，有个饭庄子，名叫"会仙堂"，"高阁广楼，风窗露槛。晚清末年名公巨卿在此时有文酒之会"。到了民国初年，因为僻处城北，仅夏日临荷市，热闹一阵子外，到了西风催雪，那就游客稀疏，聊为点缀而已。

"会仙堂"地近荷田，到了仲夏之时，随时可采菱、藕，新鲜生动耀眼，故其所制冰碗，特别突出精彩。内容物极多，有鲜莲雪藕、菱角、芡实、核桃、杏仁、榛瓤，外加剥去皮核的红杏、水蜜桃，"白华赤实，冽香激齿"，足遣长日，当地人亦名"河鲜儿",为下酒的隽品,尤其是竹叶青。而今风雅不再,令我感慨万千。

记得在年幼时,家中初有冰箱,有次暑热难熬,家父突发奇想,将冷藏的各种罐头,如去壳荔枝、菠萝、杏桃切片、樱桃等,以及冰镇的切丁西瓜、绿葡萄等,同纳于一玻璃碗内,五彩缤纷,望之玲珑,坐在榻榻米上[1],吃得满怀欢畅,难忘此一冰缘。

到了20世纪七八十年代,在吃完宴席后,例供一大冰碗,内容和家里吃的差不多,但多了杏仁脑、洋香瓜、紫葡萄、香蕉及冰块等,虽然更为丰富,但是照本宣科,这种例行冰碗,没有多大意思,吃来不挺来劲。

就在二十余年前,尝到已故大厨屠熙制作的"哈密瓜盅",屠为回民,长于北京,手艺之佳,难望项背。这个出自新疆的冷拼甜菜,又名"花篮藏宝"。由于台湾没有新疆特产的墨绿皮西瓜,乃用黑美人西瓜替代。其特点为:花篮造型挺美观,干香酸甜融一体,作为宴会菜肴,一次能尝尽新疆的干鲜瓜果,不论在视觉及味觉上,均有美的感受。

它在制作上,以黑美人西瓜为主体,雕刻(镂空)图案充外壳,内放去瓤的哈密瓜作瓜盅,盛入哈密瓜丁、西瓜丁、去

1　当时住家为日式建筑的宿舍。

核葡萄、石榴籽、樱桃粒、苹果丁、香梨丁等制成的冰镇蜜汁，置于大圆盘上，四周再置绿葡萄干、哈密瓜脯、核桃仁、杏干、开心果（巴旦木仁）、无花果干等，堆摆成艳丽图案，并用刻花菜叶点缀，最后用哈密瓜皮制成提把，置于西瓜皮刻成的底座上即成。

而我在享用之际，佐饮高山乌龙茶。先进果羹两小碗，接着品各种果干，再以茶汤入口，一次而尝三至味，流连忘返于其间，真是南面王不易也。

近日看电视报道，有一制冰品业者，竟然在试验后，推出四款冰碗，其主体为水果，分别是哈密瓜、芒果、菠萝及火龙果。均冰镇过，去其顶盖部分，挖出其内果肉，打汁再行冻透，直接放入果内，另以些许果肉，置于果顶周遭，或加冰淇淋球，或先加块饼干，再添些鲜奶油，纯以原貌呈现，造型极为美观，值此炎炎夏日，见了食指大动，暑氛大为消减，好像冰凉境界。

冰碗从古至今，一再出人意表，花样不断翻新，让人乐此不疲。

识味老饕私房菜——名馆名人

仿荤素菜褪流行

以前北京的素菜馆，据民俗学家金受申《老北京的生活》一书的记载，"不动荤腥，以饹馇豆腐、面筋、菜蔬为主，专供佛门信士和久厌膏腴的阔人涤洗肠胃之需，如功德林、香积园都是……素菜虽没有山珍海味、鸡鸭鱼肉，价格却不便宜，因此问津的很少"。惟此一情形，一到了南方，因习性不同，大异其趣。今以同名为"功德林"者为例，确实有天壤之别。

籍隶浙江慈溪的姚志行，十五岁进上海，在"慈林素菜馆"当学徒。过了半年，转往"功德林蔬食处"，拜唐庸庆为师，经他悉心指导，打下深厚基础，掌握素菜、素点烹调技能。自1950年起，成为该馆首席厨师，经验丰富，功夫扎实，饶有创意，遂成一代大师。

姚娴于制作以豆腐、素鸡、面筋、烤麸、粉皮为食材的菜肴，善于兼容并蓄，巧妙把各地风味菜的特色，运用入素菜之中，扩展素菜领域，道道几可乱真，赢得"素菜第一把手"的令誉。比方说，他创制的"素炒蟹粉"，以土豆、红萝卜、香菇条，分别替代蟹肉、蟹黄、蟹爪，再拌入姜末制成，姑不论其形态逼真，而吃口之细腻芳鲜，尤衬出其卓荦不凡的本事，让人啧啧称奇。

他另用绿豆粉制成鱼丸，雪白鲜嫩，风味极佳，直追真品。他如"走油肉""炒素鳝糊""糖醋排骨""醋熘黄鱼"等，不但无一不佳，同时引人仿效，领一代之风骚。除此而外，他还以西法入素馔中，惟妙惟肖，佳评泉涌。在十方拥戴下，其"奶油芦笋""吉利板鱼"等品种，既扬名沪上，亦红遍海外。

在培育人才方面，姚志行不遗余力，栽成弟子遍神州。《功德林素菜谱》一书，即根据其口述，再编写而成册。其中不乏仿荤素菜，食客们普遍认为：非但形似，而且味道和质感，与荤菜类同，乃"山寨版"之上上品。

约半世纪前，我尝过台北的"功德林"。按照家乡规矩，未存活于人世，一旦到了百岁，即入祖先行列，不再单独祭拜。先祖父小泉公，百岁忌日当天，在台家属聚集，于善导寺做毕法事，已过用餐时间。记得先伯父在"功德林"订两桌顶级素馔，群趋用膳。当时我方十龄，只觉得桌上罗列鸡、鸭、鱼、肉，吃起来却不是一回事。起先挺抗拒的，或许是肚子饿，越吃越有味儿。此后，吃了将近十次的仿荤素菜，但感技艺不复以往，早就已非旧时味了。幸喜时至今日，人们所讲究的素馔，在食材这环节，必须求其有机；接着烹调方式，强调简单自然，得其原汁原味。纯就此点观之，素食回归本来，不求荤菜形式，才能涤洗肠胃，进而净化心灵，影响诚大矣哉！

心佛斋擅烧素菜

晚清以来，中国的素菜馆，以上海的"功德林"，北京的"全素刘"，南京的"绿柳居"等，最为世所称。而山东省省会济南，亦有"心佛斋"素菜馆，民国初年开设，址设城里院西大街卫巷口的"准提庵"内，专卖各式素菜，不沾任何荤腥，手艺娴熟，名动四方。

素食一词，首见于《墨子·辞过》，云："古之民未知为饮食时，素食而分处。"起先是指生食，后演变成以谷物和蔬菜瓜果所烹制之食物。然而，并非所有蔬菜，皆归纳为素食，只要气息强烈，带有辛臭之味，一旦放进菜中，就非全素概念。像道家的"五荤"，即韭、薤、蒜、芸薹、胡荽；以及佛家的"五辛"，指葱、蒜、蒜薹、胡葱和韭。纯吃蔬果，营养不够均衡，除了豆制品外，有人主张蛋、奶，亦列素菜范畴，吃得更为全面，长保身体健康。但坚持戒律者，仍非全素莫属。

早期中国的四大菜系，分别是苏、粤、川、鲁。山东地近北京，境内的烟台市福山区，厨师人才辈出，号称"烹饪之乡"，北京各大饭馆，几乎是其天下，其影响力之大，堪称无出其右，故有"福山帮"之名。其特点大致有二，一是用料极讲究，二是善以汤调味。济南是省城，大馆子林立，虽不以素菜为主，但不乏著名素菜。

当时脍炙人口的素菜，不胜枚举，有"糟煎茭白""锅塌蒲菜""松子豆腐""如意冬笋""干炸豆腐丸子""烧素烩""珊瑚白菜""水晶豆腐""樱花石子""炸豌豆苗""烩八宝季菜"等，琳琅满目，目不暇给。可惜这些佳肴，有的今已失传，无法品其奥妙。我印象尤深者，乃大饭店里的"干炸冬笋"，这道菜目前在台北，也吃得到佳构，例如"浙宁荣荣园"即是。它是将冬笋切片状，佐以细盐，再上糖色。另把雪里蕻的嫩叶洗净，与冬笋分别下油锅炸，最后拌匀上桌，此菜外脆里嫩，风味别具一格，食罢喜上心头。

老实说，这些馆子的素菜，就严格意义讲，称不上是全素，因为所用高汤，会用猪肘子、全鸡或全鸭等煨透，提起味来，鲜清而隽，茹素之人，实非所宜。

"心佛斋"之名，取佛经"心即是佛"之义，其掌柜叫张鸿恩，是一虔诚佛教徒，从南来和尚那里，学习寺院的素菜，尽得其真传，凡吃过的人，都赞不绝口。20世纪三四十年代，济南的僧尼宴客、寺院供佛、豪门治丧、富商斋戒，多半请张鸿恩整治素筵。约40年代末期，为供应信佛茹素者的需要，济南又开了"功德林""清素饭庄"和"万佛林"等素菜馆，但生意终不及"心佛斋"，撑不了三四年，便关门大吉了。

"心佛斋"的食材，精选百叶、黄蘑、腐竹、面筋、山药，佐以香菇、木耳及新鲜蔬果，搭配豆蔻、草果、砂仁、白芷、丁香等香料、药材。其品种几乎是素菜荤名，像"烤鸭条""素鹅脖""荷叶肉""黄蘑鸡""素香肠"等，做工精细，造型逼真，入口馥馨，深受欢迎。我慕其名久矣！多年前赴济南，本想一饱口福，结果未能如愿，至今回想起来，仍为憾事一桩。

全素斋源自宫廷

北京的素食，源远亦流长。到了清代时，掌管大内的御膳房，除了荤菜局、饭局、点心局、饽食局外，尚有手艺高超的素菜局。它专供皇帝、后妃在斋戒、茹素、持斋时所用的膳食。据清宫御膳房的记载：德宗光绪年间，该局光是素食，就能制作出两百多样，特制时蔬、豆腐、面筋及各种菌类佳肴，其水平之高，比起寺院来，一点也不逊色，似乎在伯仲间。

"全素斋"素食商店，位于繁华的王府井大街，其创始人刘海泉，自十四岁那年起，即在御膳房供职。他本人吃苦耐劳，聪明好学并苦练，做得一手好素菜，能融合南北之长，深得慈禧之欢心。使得素食的地位，在宫廷大大提高。

到了光绪二十八年，刘海泉离开御膳房，开始摆摊经营素菜，起先以"大路货"为主，营业的项目中，有七种"疙炸合"，价钱十分便宜，跟烧饼差不多。此外，还有"香菇面筋""素火腿""素什锦""独面筋"等。到了后来，亦包办"四四到底"，就是四压桌（以甜食、干果为主），四冷荤（以素菜做成荤状），四炒菜，四大件（以鸡、鸭、鱼、肘命名），共十六个菜，分量扎实可观，花色品种繁多，加上风味独特，颇受人们欢迎。由于没有字号，只知这家姓刘，乃随口称之为"全素刘"。久而久之，街坊皆知。

直到1936年，刘海泉央人写"全素刘"三字，制成一块长方横匾，"全素刘"此一字号，从此就成招牌。他不以此自满，更加精益求精，菜品风味独具，即使不吃素的，也来试味尝鲜，从而誉满京华，驰名大江南北。

其子名刘云清，自小追随父亲，习得全套绝活，不断发展创新，在其全盛时期，所烧出的品种，数达二百五十，同时样样精彩，天天挤满食客。而第三代传人刘文治，在长期熏陶下，亦学得好技艺。20世纪50至60年代，国家领导人在"北京饭店""人民大会堂"宴请外宾，多次由刘云清掌勺，独树一帜，颇受好评。

目前已更名为"全素斋"的素食老店，以其滋鲜味美，味道别具一格，大受群众喜爱，以致门庭若市，产品供不应求，盛况更胜往昔。

而今的"全素斋"，除大受欢迎的"香菇面筋""素什锦""红烧里脊""辣鸡丝""小松肉"等菜色之外，又研制出"全珍御膳""山珍烤麸""水仙莲子""焖五宝""腐皮肉"这五个新品种。与时俱进，不断推陈出新，难怪一枝独秀，生意好到爆表。

我久慕其令名，尚未一膏馋吻，盼机缘成熟时，可以一尝为快，既饱口腹之欲，也能耳目一新。

大蔬无界意境高

这家特别的素菜馆，在上海迭获米芝莲（米其林）一星餐厅的殊荣，佳评如潮。我连续吃两回，一次是季节甄选，另一次是直接点菜。食毕，突然想起了一代川菜名厨伍钰盛。他阅历丰富，见多识广，在实际操作中和教学上，力主"正确继承不等于墨守成规，改进创新不能乱本"，确为至理名言。另，他极力弘扬"厨德"，一再强调"言教身教传厨德"。伍氏的这种精神，我在"大蔬无界"中，看到了具体实践。

其创办人宋渊博，和"滴水坊"有渊源，他有素食理念，亦有所坚持。目前的总厨为慈实，自谦为"素食研发工作者"，创意无限，但有所本，曾有人问他："最满意的一道是什么菜？"总戏称："下一道。"言谈中充满着自信，很有日本料理师傅"味自慢"的情怀。

连几天大鱼大肉，乍看套餐中的前菜，乃甜菜根切丁，毛豆与薄片齐上，紫、黄、绿相间，顿开生色，味亦可人；头盘菜为牛蒡葛米配糖醋京葱卷、焦糖苹果酿金桔，造型典雅生动，食味各有千秋，细品其中滋味，颇能相得益彰，马上获满堂彩，咸认味有别裁，不输京苏风味。

接下来的两个汤菜，分别是黑枣红莲汤与莲藕煨煮萝卜。前者入腹，香甜满嘴，仿佛一股暖流入肠胃；后者将产自黄湾的莲藕与白萝卜同煨煮，众料同纳钵内，却能相辅相成，在春寒料峭时，得以此汤入腹，真是一团和气。

续上的两个主菜，能发思古幽情。其一为冬笋松子蔬葆配球生菜叶，其二是莼菜竹荪蛋佐泰式绿咖喱配脆米。

二者皆由中菜变化而来，前者的炒蔬葆，类似沪菜"八宝辣酱"，以生菜包裹而食，脆爽细糯，颇富境界；后者竹荪配脆米之法，脱胎自"口蘑锅巴"，竹荪号称"菌中皇后"，又称"僧竺蕈"，洁白雅致，佐以莼菜，更显清新，汤底是绿咖喱，超乎想象之外，色相固然佳美，口味沁人心脾，极成功。

终结的主菜很特别，是主厨秘制的猴头菇排佐黑松露酱，再搭配慈姑、黑莓及炒百合甜豆，小巧玲珑，善用留白，错落有致。主食的豆腐衣包糯米莲藕饭，口感疏爽清隽，外形呈石榴状，有趣。甜点为巧克力蛋糕配香草冰淇淋，以瓷杯托出，置于脆片上，细品其中味，能其乐融融。

而直接点菜的那次，以西南风味为主轴，贯串巴蜀、云贵和青康藏，挺不同凡响，觉得有意思。

　　先奉的三道菜，都是重口味的，或先麻后辣，或重麻轻辣，但因食材及刀工精美，或爽或糯，能引食兴。在依序尝毕"巴蜀夫妻""香椿爱情"和"青海湖"后，两道好汤次第送来。"福寿全"即素的"佛跳墙"，里面有西藏的人参果，确实引人入胜。另，"灰鸡枞黄耳枸杞汤"，用的是高档食材，食味醇鲜，深得我心。

　　用毕"天之骄子""帽子戏法"及众料纷呈、适口充肠的"春意闹"后，我最爱的"蒲面而来杨柳风"接踵而至。这道菜用来自淮安的鲜嫩蒲笋，沃以奶汤，上有莴笋片，结构佳美，其味隽逸，妙！

　　末了的五色马卡龙，迈入新境，细腻不甜，女士赞不绝口。

　　总之，这等不娇不媚且比天骄的素食，称得上是脍炙人口。

新派素食福和慧

己亥年（2019）初春，和食家刘健威、李昂、詹宏志等一行人，相约前往上海，寻访美味餐馆，连吃了"食庐"和"老吉士"，品高格隽，佳肴满案，幸好先预订了"福和慧"，气氛及口味一转，胃纳精神皆一振，因而接下来的"老饭店""甬府"和"聪菜馆"等，便应付裕如了。

卢大厨主持下的"福和慧"，符合时代趋势，从用餐环境，上菜顺序，搭配茶饮，讲说菜色到菜单撰写，皆自成一格，不与俗同。加上清新有韵，运用留白手法，摆盘错落有致，顿生空灵之感，处处充满"禅"意。是以广受食客欢迎，纷纷给予肯定。它能接连获得米芝莲（米其林）一星的评价，而且连中三元，扬名沪上，真的很不简单。

此次以八道菜为主轴，四种茶贯串，前后各有点心。招式连绵不绝，服务体贴入微，置身其中，如沐春风，同时心旷神怡，感受美妙氛围。

先奉的前点有四，不是人人皆有，每样都只三个，任由食客自择。或置于圆盘中，如点缀星点的圆薄脆；或摆在铜盘内，如山楂卷配覆盆子；或置于布袋里，如去半边壳的栗子；或铺陈于枯木上，如极细极柔的方薄脆，在树叶中若隐若现。件件如艺术品，拈起其一送口，慢慢咀嚼，展开序幕。

茶以陈皮白茶打头阵，茶中带陈皮味，但不掩白茶味，颇能相得益彰，众人边啜边聊，专待接着的笋及卤菇茶。

春笋切滚刀块，放在白盘周遭，用冰菜嫩心及海藻置乎其中，淋上炖菇红汁，笋脆而甘，余则滑爽，口感倒是一流，马上沁人心脾。

卤菇茶用玻璃杯呈现，内有羊肚菌、去核红枣及猴头菇等，汤汁赭红，入口甘润，有意思。

续上的东方美人茶，以粉红平底壶盛之，茶杯皆粉红色，从颜色上观察，感觉似"天一方"的美人，挺有趣。

续上的三道主菜，分别是南瓜、银耳及梅菜，创意十足，值得喝彩。东升南瓜放古铜色圆盘内，去顶部如锯齿状，瓜肉呈圆筒形，一共有八个，摆满瓜盅内，再以木匙取食。瓜肉软滑，入口即化，整个黄明透亮，洋溢春的气息。银耳细切如丝，再抟成丸形，放在绿菠菜汁正中，碧幽幽，白亮亮，颜色相间，美景天成。其味清而芬芳，淡而不薄，乃转味之上上品。我个人最爱吃的梅菜，在玻璃器皿内，正中放米糠，梅菜置其上。梅菜嫩而滑，清新适口。食罢则饮普洱茶，能消积再实吾腹。

终结的三个"大菜"，分别为"扣三丝"、牛肝菌与松露。"扣三丝"的刀工极佳，豆腐与菜心皆切丝状，排列齐整，宛如瀑布下垂，用片薄蕈菇覆其上，真如丝丝入扣，视觉美感超优，口感绵密细柔。而熏烤的牛肝菌放试管杯内，杯内雾气氤氲，彷佛山岚乍起，菌香带爽，滋味不凡。最奇的是黑松露刨薄片，满满的放在素小笼包上，味道不过尔尔，手法新颖别致。最后小酌龙井，此为雨前上品，清新舒畅怡人，佐以顶级巧克力，画下完美句点。

此宴虚无缥缈，实充满着创意，对我个人来说，试过一次即可，一再光顾品尝，恐怕无"福"消受。毕竟，它只是巧妙融入西法，走出一己新路，却无特别意涵，但此为今日之主流，如此这般，可惜了。

觉林蔬食成绝响

我爱读《梓室余墨》。作者陈从周先生，自号随月楼主人，浙江杭州人。他是著名古建筑学家、园林艺术家、散文家。工于书画，曾受业于张大千，著作等身。本书虽为札记体，但读之亲切有味，受益良多。

1995年时，陈氏和蒋启霖先生一起在上海的"觉林蔬食处"吃素，两人十分满意。陈特撰《觉林记》一文，并由蒋氏书写，后悬挂店堂内，引发不少回响。

《觉林记》起首即云："佛家以觉悟为宗，茫茫尘世生老病死，苦海无边回头是岸，故多修功德早登极乐，'觉林蔬食处'持佛家戒屠之说，精制素食，天厨供馔，驰名海上，有口皆碑；尤以炎夏酷暑之候，更宜净口保生，既惠口福，又增功德，一举而两得也。"接着他又表示："余既耽禅悦，乐与周旋，嚼菜根香，养生养性，可悟禅机矣！爰为之记，以报'觉林'……"

此记甚有意思，不仅为高度称赞其素馔味美，名扬于大都会；又阐明了吃素可以养生养性，有益世道人心。

再早个十年前，汪道涵即常在此就餐会友，而明旸法师等宗教、艺文界及信佛人士等，亦常于"觉林"餐叙。由于盛名远播，一些海外香客，皆以此为首选。担任过佛教协会会长的赵朴初赞曰："行素养怡，妙存味外；饭蔬饮水，乐在其中。"

"觉林蔬食处"开设于20世纪30年代初，据《三十年来之上海·饭会与粥会》记载："贾某（指居士贾东初）经营'觉林'，一再迁徙，一度开在望平街时报馆隔壁。若干年后，买到名伶毛韵珂的住宅，'觉林'移到霞飞路，于是素食成为一时风尚……"

贾东初本为上海著名的"饭会"成员，每周三必参加在"功德林"举行的"饭会"，品尝素食素点。后来习得经验，合伙开设"觉林"。它起初在用料上，仿效以往方式，即《清稗类钞》所说的，"有素肴之中加以荤肴之汁者，仅用流质，如鸡肉汁、猪肉汁、鸡油、猪油之类。食之者惟觉其味之鲜美，而仍目之曰素菜也"。由于并非全素，未见特别突出，生意一般而已。

一旦因缘际会，肯定脱胎换骨，贾某时来运转，遇到觉林法师，在他的指导下，凡提鲜的汤汁，一律用素鲜汤，而且因菜而异，结果出奇的好，颇受顾客好评，生意日益兴旺。1937

年9月，弘一大师抵沪后，即与丰子恺、夏丏尊、钱君匋等人在此会晤，共进午餐。

当时该店的佳肴，除传统的"素鸭""素火腿"外，尚有新派的"茄汁凤腿""发菜鱼肚""素净肉松"等，虽以荤菜命名，但是洁净全素。

自老店歇业后，1987年才重起炉灶，扩大营业。融合各帮风味，依旧素菜荤名，具有色泽美观、鲜香可口、滋味浓郁的特色，名菜有"鱼香鸡丝""素烧鹅""素鸡""枸杞虾腰""虫草鸭子"等。此外，其早茶、素面、素包子等点心，亦甚用心，脍炙人口。

然而好景不长，在强烈竞争下，店家作风保守，不能与时俱进，导致生意逐渐清淡，只好歇业收场，留下不尽相思。

平易恬淡小觉林

　　扬州的"小觉林素菜馆"，位于老城区内。是该区唯一经营素菜和点心的饮食专业店。这家百年老店，和上海的"觉林蔬食处"之名相近，却大不相同。后者由居士筹资开设，成立于民国后，通过少林寺（一说五台山）觉林法师的技术指导，手艺更上层楼，加上位于通都大邑，遂广为食客所知，成了著名素食馆，领近百年的风骚。

　　前者则不然。开设于晚清，由当地妙心庵住持觉林师太出资创办。其主要的目的，是让城内大小庵观寺庙的僧尼、道士，以及富户豪门中吃斋念佛的善男信女们，提供素菜素点。师太谦恭自持，乃以"小"字当头，有"味自慢"之风，亦在漫长的历史进程中，积累了烹饪素食的丰富经验。

　　早在菜馆开业之初，觉林师太就博采众长，集名山寺庙之精粹于一馆。她和后继者们，先后到上海龙华寺、玉佛寺，杭州灵隐寺，宁波七塔寺、天童寺访师会友，含英咀华，默记操持。又在佛教圣地普陀山、九华山等地，拜名厨为师，习各派之长。通过具体实践，转而吸纳传承，逐步形成特点，为自家的素菜，立下崭新品牌。做到人无我有，人有我新绝佳口碑，屹立万千餐馆之中。

《清稗类钞》上说："大抵食生菜有四法，一宜炒，一宜拌，一宜清煮，一宜红烧。烹饪得宜，甘芳清脆，可口不下于荤肴。至于菰（即茭白）、笋、蒲（北方甚多，其质在竹笋、茭白之间，味甚清美）、椒（青椒、红椒）之类，有特别风味。生菜四种食法，皆可斟酌加入，倍觉可口。"文中所谓的生菜，即蔬菜，为全素者喜爱的食材，如果推而广之，即是清人李渔的创见，这位大食家指出："世人制菜之法，可称百怪千奇。自新鲜以至于腌、糟、酱、醋，无一不曲尽奇能，务求至美。"他亦爱用辣芥拌物，这种芥辣汁，拌蔬食最佳，故每食必备，并推崇道："食之者如遇正人，如闻谠论（正直的言论）；困者为之起倦，闻者以之豁襟（敞开胸襟），食中之爽味也。"

综上观之，喜食素菜者，光是吃全素，烹饪之法多，再制品亦多，即使是凉拌，也变化万端，其运用之妙，实存乎一心，贵在能善用，必别开生面。这也难怪乾隆南巡时，"至常州，尝幸天宁寺，进午膳。主僧以素肴进，食而甘之，乃笑语主僧

302

曰:'蔬食殊可口,胜鹿脯、熊掌万万矣。'"

老实说,"小觉林素菜馆"虽精致而雅,但价格公道,故颇受欢迎。曾有人指出:其"什锦杂烩","掀开盖子,一阵麻油香气袭人。再一看,碧绿的是菜心,雪白的是冬笋、山药,浅黄的是白果、豆腐,还有蘑菇、香蕈、黑木耳和红枣。数数十多样,外浇一层滋润的麻油"。当然啦!软软的面筋泡,尤能诱人馋涎。天寒食此,乐莫大焉。

印沧老人李圣和曾撰联一首,张挂于店内大堂的西北角,写道:"吃饱方休,身外黄金无用物;过此莫去,世间白发不饶人。"味甘淡泊,自在从容,清其心者,益于健康。

在白马寺品斋菜

有"中华第一古刹"之称的白马寺，位于洛阳市内，建于东汉年间。其"佛素"自古扬名。不仅杜绝鸡、鸭、鱼、肉、蛋类食品，而且禁止食用葱、韭、芥、蒜诸荤，并严格遵守《梵网经菩萨戒》，即"若佛子不得食五辛，大蒜、茖葱、慈葱、兰葱、兴渠，是五辛，一切食中不得食，若故食者，犯轻垢罪"。基本上，茖葱为韭菜；慈葱为葱类，含大葱、小葱、珠葱等；兰葱为小蒜，兴渠则产于印度，向为中土所无。大抵而言，生食五辛增嗔怒，熟食五辛增淫念，而食五辛者，口生臭味，诸天远离，魔鬼欢喜，舐其唇吻，吸其臭味。是以常食五辛之人，福德日消，罪恶日增，非但不得直接食用，也不可以当成配料，这与宫廷素食及民间素食截然不同，理应严加区别。

此外，它尚有一大特点，即"不闻其名，不见其形"。所谓不闻其名，即不给素菜起肉食之名，如素鱼、素鸡、素火腿、素排骨等，而是以寓意性质，取一些佛教术语名，比如"花开见佛""明心见性""万法唯心""圆融无碍"等名称。至于不见其形，乃不将素菜烧出鸡、鸭、鱼、排骨、火腿等形状，此为意念上的不杀生，其目的在培养慈悲心，即身不作杀、口不言杀、意不念杀，故在进食之后，能身、口、意三业，均清静无垢。

壬辰年的仲秋，我前往白马寺，在参观完胜景后，知客僧妙宣法师引领我等，在斋堂雅室的圆桌上，品尝正宗佛素。这些素馔，全由香积厨直接供应。其菜色皆家常，却具有真滋味，吃得十分开心。

这些菜蔬粮豆，皆由寺内生产，出于群僧劳动所得，一切自食其力，感觉特别亲切。豆浆最先奉上，自行研磨制成，浆汁浓郁而香，在放凉过程中，不时可揭腐衣，细腻滑柔且醇，如饮玉液琼浆，妙在随时供应，可以无限畅饮。接下来的两素点，分别是蒸包和菜盒。两者内馅无别，都是南瓜、粉条及香菇末之属，虽口感较软烂，但绵密又细致，能够入口即化，因而在不知不觉中，一口气各吃了两个，堪称适口充畅，精神为之一畅。

以后连上的几品菜，全部由厨娘们烧制，由于烹饪多年，倒也得心应手，绝不哗众取宠，反以清淡见长。像内有黄豆芽、大白菜、豆干、粉条的"脍素什锦"，刀章尚细，爽腴互见，馨逸爽口;而掺入胡萝卜丝、青椒丝一起炒的"清炒土豆丝",刀火功高,微酸而清,真是隽品;至于那"豆豉豆瓣粉条"一味,脆中带糯,豆香袭人,棒得可以。其他如炒青椒片、炒木耳芹菜及焖煮豇豆等,都是原味呈现,滋味淡而不薄,一举箸即送口,轻松且无负担。

食毕,妙宣法师坚持要我题字留念。片刻之间,灵感陡生,于是借战国名家公孙龙的"白马非马论",再加上白马驮经东来,为中国翻译佛经之始的典故,遂奋笔写下"白马非马,马色非白,驮经既译,寺院第一"四句,借以表明此马背负使命,当为无上宝马,又嵌"白马寺"三字于每句之首。法师一见大悦,彼此尽欢而散。

寺院素菜登顶峰

　　中国的寺院素菜，在菜系中别树一帜，一直居重要位置，到了清代时，尤法力无边，奠定其地位。像《清稗类钞》便指出："寺庙庵观素馔之著称于时者，京师为法源寺，镇江为定慧寺，上海为白云观，杭州为烟霞洞。"其中，"烟霞洞之席价特昂，最上者需银币五十圆"。

　　而当时能与之抗礼者，则为位于湖北黄梅的五祖寺，谓由禅宗五祖弘忍创建。该寺以"五祖四宝"及"桑门香"等素菜著名。所谓"五祖四宝"，指的是"煎春卷""烫春芽""烧春菇"和"白莲汤"，名字望之平常，用料却很讲究，制作一丝不苟，大得香客欢心。其"煎春卷"，以数种野生菜搭配豆干、豆豉汁等为馅，用青菜包裹，在松枝烧的炉火中，用小磨香油煎成，食之清香，内蕴雅味；其"烫春芽"，取名贵"佛手椿"之嫩芽，在大雨后采摘，随即洗净，用滚水烫，以香油、精盐、白醋、红酱拌匀，馨香适口，沁人肺腑；"烧春菇"则用松茸配以荸荠、春笋，以爽脆细嫩、余香不尽著称；而那"白莲汤"就神了，号称以五祖在寺后白莲峰顶白莲池手植的白莲，加上白莲峰飞瀑与飞虹桥下的涌泉所交汇而成的"法泉水"煨制，选用宜兴紫砂钵，用罗浮松之松果当燃料，在煨汤时，松果的清香会渗入汤中，清馨环绕唇齿间，能令人回味无穷。

至于"桑门香"，也是取自白莲峰。用清明时节桑叶，清水将它漂净，拖一层薄面糊，入锅炸至微黄。食时外黄内绿，品之先酥后嫩。面糊调料尤奇，号称八味齐备，突出咸甜苦辣，并带涩麻之味，誉为佛门佳品。

目前较负盛名的寺院素菜，应是上海玉佛寺的素斋。上海为大都会，国际知名度高，游客络绎不绝。该寺的"素斋楼"，自20世纪80年代开业以来，已有来自上百个国家、地区的数百万食客光顾，蔚为一时之盛。其能扬名寰宇，应是在1984年4月时，有几位美国记者，品享"翡翠蟹粉"后，夸赞不已，当侍者告诉他们，此"蟹粉"的材料乃最常见的胡萝卜，他们根本不信，亲临厨房参观，看到实际操作，才知确为素菜，于是大幅报道，从此举世知名。引来了许多观光客，纷纷到此一探究竟。

玉佛寺在提供上等素菜外，尚有美不胜数的素点心，不仅滋味佳美，而且造型动人，不论近观远看，像煞艺术精品，令人赞叹不已。有道"朝阳玉鹤"，为其中佼佼者。盆内为绿波荡漾，其上浮六只天鹅，每只皆洁白，形状各不同，皆栩栩如生。且这盆"美景"，都是可以吃的。所谓"绿波"，是果汁染绿的麦淀粉，而那些"白天鹅"，则是包馅的面粉团，据说甘滑细美，食罢口颊留香。

台湾的寺院素菜，亦有其独到之处，让香客垂涎不已。可惜我所吃有限，实不敢野人献曝。有道是"食无定味"，只要能"适口为珍"，那就是顶级享受，既长留在内心深处，且能一再反刍回味。

清真素菜绿柳居

用清真的手法烧素菜，的确独树一帜，所烧出的菜品，必精洁齐整，以雅净驰名。位于南京市的"绿柳居清真素菜馆"，虽不是仅此一家，也不是首先创制，但其风味卓绝，却是有口皆碑，吸引逐味之士，络绎不绝于途。

南京的清真教徒多，在辛亥革命时期，本店先在桃叶渡营业，后来因故歇业。1962年，当时的南京市饮食公司，特地选在市文化宫，为名厨陈炳钰庆祝八十大寿，时任市长的陈扬前来祝贺。其间，陈市长提及南京是个省城，应有一具特色的素菜馆，并提议由陈炳钰主持创办。陈欣然同意，乃以"绿柳居"之名，负责组建工作。另从各区饮食部门，调来他的徒弟，如王寿岭、魏彩龙、毛家喜等掌勺，于1963年重新开张。时任省长的惠浴宇，曾亲临视察，并品尝素宴，结果很满意，留下一段佳话。

首任店东刘兆庆，起先只做素菜和素点，供应宗教界人士，后来挖空心思，讲究素菜荤做，制作尤为精细，几乎足以乱真。其菜单上共有一百多个品种，常年供应的菜色，有五六十种之多。其中的"罗汉观斋""糖醋刀鱼""明月猴头""素烤鸭""素烧鸡""烩鱼唇""熘黄雀"等，都是拿手好菜，食客闻香而至，变成当家品种。

"绿柳居"的菜，都是用素料，油亦用素油，形状则荤形，能惟妙惟肖。常用食材方面，有豆制品（包括豆腐、腐皮、豆腐干、豆芽等）、面筋、香菇、木耳、白果、山药、菱角、紫菜、发菜、瓜果等，看来很平凡，选料却严格。来几位外宾，指名要吃龟，厨师发巧思，做了一盘龟。端到桌面上，全栩栩如生，他们皆大惊，怎么也不信，居然是"素"的。而在常馔方面，那道"糖醋刀鱼"，条条有头尾，有眼也有嘴，还有鳃和鳍。但这些假的刀鱼，全用豆腐皮制作，若非亲眼目睹，很难想象绝活竟可到此地步。

而"绿柳居"营业之初，日本等国的佛教协会，为了纪念鉴真和尚，纷纷前来南京。栖霞寺方丈接待日本代表团的素宴，便由"绿柳居"承办。厨师大显身手，烧制"白汁鸽蛋"，其形足以乱真，让客人以为是用真蛋，以致不敢下箸。经说明是以素菜制作，始喜而食之，并大加赞赏，不吝给予掌声，一时传为美谈。

自"绿柳居"成名后，名家如林散之、陈大羽、赵朴初等，皆曾到此用餐，留下精彩字画，可谓相得益彰。

当然啦！与荤菜的烧法一样，素菜也有炒、炸、烧、烤、烩、熘等烹调方式。一般而言，"绿柳居"的炒菜，脆而不生；炸菜，酥而不硬；烧菜，清而不薄，润而不烂；烤菜，油透爆浆；烩菜，滋味入骨。总评则是清香平和，咸甘适中。我久慕其大名，两回来到南京，本想一探究竟，并且大快朵颐。无奈行程满档，至今尚未如愿，盼不久将来，可以一膏馋吻。

吃得健康又美好

现代人四体不勤，深恐发福，每视吃大鱼大肉为畏途。其实，暴饮暴食固然不好，营养失衡也很棘手。想大快朵颐而又不失健康，从宋代士大夫的饮食观下手，或可找出确切可行的方案来。

在古代时，知识分子的经济地位和生活水平，虽无法和富贵人家相比拟，但其中多数的人，并不短少衣食，在行有余力下，便开始研究生活的艺术。他们具有较高的文化教养，敏锐的审美观点，以及丰富的精神生活。反映在饮食方面，则是注重饮馔的精致、卫生，喜欢清淡的蔬菜，重视用餐的气氛等，但有一点很重要，绝对不奢侈靡费。这些观念萌芽于唐朝，茁壮于宋朝，大盛于明、清，影响不可谓不深远。

宋代有两大文学家、同时也是美食家，均出自四川，可交相辉映。他们不仅爱吃，而且自己会烧，还有一些有关饮食的诗文，阐述自家看法，有益世道人心，足供后人取法。

第一位是以饕餮自居的苏轼，他写的《老饕赋》和《菜羹赋》，不啻是士大夫饮食观念转变的宣言。且"老饕"这一名词，甚至成为后世那些追逐饮食之乐，而又不失其"雅"的文士的代称。《菜羹赋》更把食素这档子事，看成是回归大自然的手段，非但诗意十足，且将它与安贫乐道、好仁不杀等理念，巧妙地联系起来。

第二位则是"未尝举箸忘吾蜀"的陆游，他曾作《饭罢戏作》诗，提及成都的饮食水平，有"东门买彘骨，醢（即醋）酱点橙薤。蒸鸡最知名，美不数鱼蟹。轮囷犀浦芋，磊落新都菜"之句，菜色看来都很家常。他亦喜欢烹调，所做的荠菜，其秘方有二，其一为"候火地炉暖，加糁沙钵香"；另一为"小着盐醢助滋味，微加姜桂发精神"。至于它的滋味，不愧"珍美"二字。

另，宋代士大夫几乎都对蔬食赞美备至。认为只有它才能疏瀹五脏，澡雪精神，涤荡污秽，并体现人间之至味。其中，最有影响力的作品，应为朱熹的《次刘秀野蔬食十三诗韵》（包括咏乳饼、新笋、紫蕈、子姜、菱笋、蒪菜、木耳、萝卜、芋魁、笋脯、豆腐、南芥、白蕈等），充分表达了这位理学的大宗师，他个人对简朴食蔬生活的喜爱，可说是而今人们"少肉多菜"的具体实践。

除了享用清淡的蔬菜外，士大夫们也喜欢吃家常菜，这可从"某应制者"在《续老饕赋》中写的"每尝遍于市食，终莫及于家肴"这句话，瞧出些端倪来。此话典出范仲淹所说的"常调官难做，家常饭好吃"，而将之诠释最棒的，则是以撰写中篇小说《美食家》而举世知名的陆文夫。他在《姑苏菜艺》里写有这样一段话："前两年威尼斯的市长到苏州来访问，苏州市的市长在得月楼设宴招待贵宾。当年得月楼的经理是特级服务技师顾应根，他估计这位市长从北京等地吃过来，什么世面都见过了，便以苏州的家常菜待客，精心制作，朴素而近乎自然。威尼斯的市长大为惊异，中国菜竟有如此的美味！"

我当然不主张唯蔬菜马首是瞻，它吃多了容易营养不足；也不认为只有家常菜才可口，大菜就无可观之处。孟子推崇孔老夫子乃"圣之时者也"。我觉得饮食亦然，应随时变化，与时俱进，唯有这样，方可既注意营养上的均衡，又能满足口腹内的欲望，使饮食之中有艺术，增添生活上的情趣。

如此看来，饮食的艺术与任何艺术一样，都讲究有朴有华的风格。毕竟，"华近乎雕琢，朴近乎自然"，似乎唯有两相融合，持中不倚，才会达到令人神往的"华朴相错是为妙品"。这等最高境界，丰富人生品味。一再悠游其中，足以宠辱俱忘。

两宋茹素超精致

吃素到了宋代，不论是质或量，均进一步提升，其量固然可观，其质更是佳美，令人目为之炫。南宋尤为鼎盛，不禁拍案叫绝。谓之今古奇观，绝对恰如其分。

首先要谈谈的，就是讲究菜名，注重"色香味形"。其中最著名的乃林洪的《山家清供》，记有当时大量的素馔。例如以荤为名的"假煎肉""素蒸鸭""玉灌肺"等。后者制作偏难，比较像点心。其做法为："真粉、油饼、芝麻、松子，核桃去皮，加莳萝[1]少许，白糖、红曲少许，为末，拌和入甑（如同今日蒸锅），切作肺样块子，用辣汁供。"由于后宫喜食，名"御爱玉灌肺"。

书中也有名称特雅的，如"傍林鲜""碧涧羹""蓝田玉"等。

1　一名"土茴香"，既能调味，亦可入药，有健脾开胃之功。

前者指笋，后者则是瓠瓜。而出自杜甫诗句"香芹碧涧羹"的这道菜，是用芹菜制成。其食法有两种，一是做成腌菜，二是烧成羹汤。且不管哪一种，重在保持原味。林洪喜欢啜汤，故偏爱第二样，表示"既清且馨"，深符文人雅趣。依我个人拙见，既然其名为羹，自以后者为宜。

此外，北宋陶毂《清异录》一书所记的素菜名，亦极为可观。比方说："居士李巍，求道雪窦山（在今浙江奉化西）中，畦蔬自供。有问巍曰：'日进何味？'答曰：'以练鹤一羹，醉猫三饼。'"此名甚为有趣，原来"练鹤羹"是菜羹名，其意为常食此羹，能练得身似鹤形。而"醉猫三饼"，是指用莳萝、薄荷捣饭所制成的糕饼。由于猫一吃到薄荷就形同醉状，于是称"醉猫饼"，真的很有意思。另，史载强记嗜学、博通经史的陶毂，自号金銮否人。从其自取的号，即知他个性诙谐，喜爱绰号别名，经常别出心裁。他管茄子叫"昆仑紫瓜"；韭菜为"一束金"；石发为"金毛菜"。且把"蒌蒿、莱菔、菠薐"三者，合称"三无比"。

至于素点专卖店，南宋吴自牧的《梦粱录》，记载当时杭州市肆所卖者，有"丰糖糕、乳糕、栗糕、镜面糕、重阳糕、枣糕、乳饼、麸笋丝、假肉馒头、笋丝馒头、裹蒸馒头、菠菜果子馒头、七宝酸馅、姜糖、辣馅糖馅馒头、活糖沙馅诸色春茧、仙桃龟儿、包子、点子、诸色油炸素夹儿、油酥饼儿、笋丝麸儿、果子、韵果、七宝包儿等点心", 琳琅满目, 美不胜收, 望之食指大动, 自然不在话下。

总而言之, 经济造就文明, 才有美味可享。宋代国力不振, 饱受外族欺凌, 但以市面繁荣, 加上各族交流, 食样因而翻新, 成为中菜一绝。素食不落荤后, 独立自成一派, 影响至今不衰, 其全面及扎实, 不可谓不深远。

科学酱油在中国

　　鸳鸯蝴蝶派的名作家徐卓呆，精于体育、戏剧、小说、翻译、烹饪等，本身诙谐不羁，留下不少佳话，素有"笑匠""东方卓别林"之称，夫人汤剑我病逝后，续娶华端岑为妻。两位太太都有帮夫运，让他的事业如日中天。

　　华端岑人很能干，和卓呆共同研究，制造出科学酱油，滋味甚鲜。起初试制毕，即分送亲友。由于需索者众，往往供不应求，为了限制人数，只好定了价格，做起酱油生意，称之为"良妻牌"酱油。他和人通信用的信笺，特地请书法家钱瘦铁题了五个字，叫"妙不可酱油"。

　　这五个字有玄机，它是"妙不可言"的蜕化语，盖"盐"与"言"同音，既不妨有"妙不可盐"，也借喻"妙不可酱油"，由取笑中做了广告。此时他的笔名，改称"酱翁"，又号"卖油郎"。

所谓科学酱油，亦即化学酱油，它起源自日本，盛行京、沪二地。由于工艺简单，生产周期仅仅一天，用不着太多的场地和设备，只要盘上一个灶，支起一口缸，就可以进行生产，极为便民。其特色为"前店后厂"，一称"夫妻店"或"连家铺"，十足是个体小手工业。

它的制作方式，和传统者不同，乃用盐酸水解植物性蛋白质，接着用纯碱中和，从而生成一种富含氨基酸的调和液。虽富含氨基酸，比起酿制酱油，缺乏其他成分，只能突出鲜味，少了酱香、酯香。加上化学酱油一旦过热，易有粘锅现象，非但不易清洗，而且滋味大打折扣。所以只宜生蘸，不宜烹饪。同时在制作时，一旦使用达不到食用级的盐酸，并用劣质黄豆，便会留存某些重金属和氯丙醇，最终导致食用者中毒，甚至可能致癌。

由于"良妻牌酱油"必用合格盐酸，同时精选豆料，在进行水解后，产生良质成品，故而大受欢迎。它的成功，除了名人加持，主要还是质量保证。

传统酿制酱油，是从豆酱衍生和演进而来。基本上，半固体状态的豆酱，当它在发酵成熟后，酱汁就会自然沥出；亦能通过沉淀、自淋或压榨等方法，分离提取出酱油。由此可以证明，至迟在两千多年前的秦汉时期，中国就已普及豆酱和酱油了。而作为调味品，酱油使用方便，逐渐取代豆酱，成为日用常品，不论居家、餐馆，几乎离它不得。

　　不过，早期的酱油，是叫酱汁、清酱、酱清、豉汁或豆酱清，直到南宋，始出现酱油的称谓。明代时期，另增加豆油的异称。清代以后，酱油才是通称。但而今的闽南话里，仍管它叫豆油。

　　一般而言，为在烹调之中，保留酱油鲜味，应分数次放入，或在菜肴将熟之际再放，避免产生苦味。此外，上佳的传统酱油，富含酵素，具有化痰壮气、消食化积、除热去湿的保健作用。至于这些好处，不拘是科学的或化学的山寨版，肯定付之阙如，谈不上营养了。